KB129879

나에게 맞는
미니멀 라이프

나에게 맞는 미니멀 라이프

비움에 서툰 당신을 위한, 생활의 기술

아키 지음 · 허영은 옮김

웅진리빙하우스

시작하는 말

저는 남편과 여섯 살 아들을 둔 주부입니다. 아이가 두 살이 되었을 무렵에는 외국계 회사의 매니저로 복직해 지금까지 바쁜 나날을 보내고 있지요. 이제는 익숙해져 여유가 생겼지만 복직하고 1년 동안은 회사일과 집안일 사이에서 갈팡질팡하며 시행착오를 되풀이했습니다. 지나치게 완벽을 추구하는 성격 탓에 너무 많은 집안일을 해야 하는 일로 끌어안고 꼼짝하지 못할 때도 잦았습니다.

궁지에 몰려서야 집안일을 전체적으로 찬찬히 살펴볼 수 있었습니다. 그러자 '작은 집에 얼마나 깔끔하게 물건을 수납할 수 있는가?', '짧은 시간에 얼마나 효율적으로 집안일을 해낼 수 있는가?'라는 두 가지 문제로 집안일을 압축할 수 있었습니다.

해야 할 일을 한정된 공간에서 효율적으로 배열해야 한다는 점에서 집안일은 마치 시험 준비와 비슷하다고 생각합니다. 따라서 중요하지 않은 일을 과감하게 포기해야 하기도 합니다. 이런 생각으로 집안일을 하다 보니 '해야 한다'는 부담감에서 점차 벗어날 수 있었습니다. 예전의 저처럼 회사일과 집안일 사이에서 힘든 시간을 보내는 분들에게 이 책이 생활의 여유를 찾는 힌트가 되었으면 합니다.

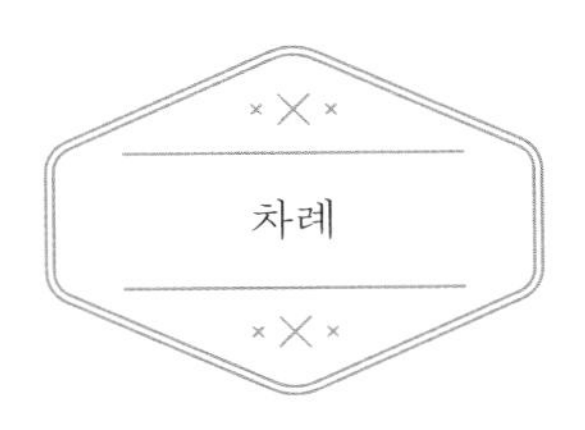

차례

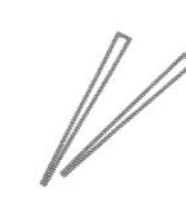

Chapter 2
Living Small × 부엌일

Chapter 3 Living Small × 수납

Chapter 4
Living Small × 옷

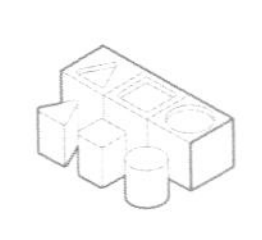

Chapter 5
Living Small × 육아

아키식 미니멀 라이프의 기본

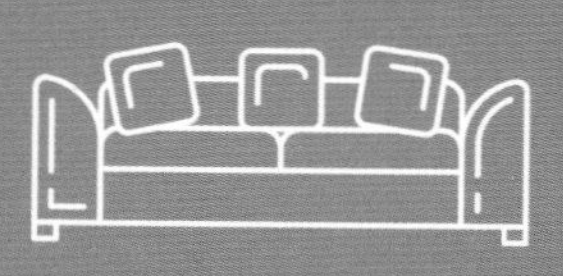

죄책감 버리기

저에게 집안일이란 가족의 생활을 더욱 풍요롭고 만족스럽게 만들기 위한 작업입니다. 작업이 성공하려면 궁극적으로 제가 미소를 잃지 않고 평화로운 일상을 보내는 것이 중요합니다. 그래서 제일 먼저 다짐한 일은 하지 않아도 되는 집안일에서 손을 떼는 것이었습니다.
하지만 저와 같은 엄마이자 주부들은 마땅히 해야 할 일을 하지 않는다는 죄책감 때문에 선뜻 집안일에서 손을 떼기 어렵습니다. 흔히 사람들은 엄마가 집안일을 하는 시간이 가족에 대한 애정의 깊이와 비례한다고 여기곤 합니다. 그런 탓에 엄마의 집안일은 아침부터 밤까지 이어지지 않나요? 일이 얼추 마무리되어도 여전히 해야 할 일이 남았다고 생각해 무리하게 몸을 움직이는 것이 현실입니다.

이상적인 생활을 그리면 쓸데없는 집안일이 보인다

저는 근무하는 회사의 프로세스를 떠올렸습니다. 외국계 회사라 무슨 일이든 합리성을 우선하고 결과는 곧 이익이라는 생각을 바탕으로 업무가 진행됩니다. 시간을 얼마나 들였는지는 중요하지 않죠. 최소의 자본으로 최대의 이익을 창출한다는 경제 원칙을 실현하기 위해 노력합니다. 이를 위해서는 무엇보다 회사의 목표가 명확해야 합니다. 집안일도 이와 마찬가지라는 생각을 했습니다. 중요한 가치를, 이상적인 생활을 머릿속에 그리는 작업부터 필요합니다. 제가 그리는 이상적인 생활은 두 가지입니다.

- 직접 만든 음식이나 깨끗하게 청소된 방처럼 세 식구가 건강하게 지낼 수 있는 생활환경
- 되도록 집안일은 재빠르게 끝마치고 매일 웃는 얼굴로 아이와 마주하기

최대한 구체적으로 이미지를 떠올리면 집안일의 목표를 설정하기 쉬워집니다. 이상적인 생활을 그린 다음에는 현재의 집안일을 다시 살펴봅니다. '각각의 집안일을 해치우는 데 몇 분이 걸리는가?', '그것은 이상적인 생활을 완성하기 위해 반드시 필요한 일인가?' 등을 생각해보는 거죠. 이런 확인을 통해 의외로 많은 시간을 집안일에 투자하고 있다는 것을 깨닫게 됩니다. 그러면서 점점 이상적인 생활을 위해서 하지 않아도 상관없는 집안일이 눈에 들어옵니다. 그것을 하지 않겠다고 마음먹는 일부터 시작해야 합니다.

정해진 시간만큼만 노력하기

그다음으론 이상적인 생활을 꾸리기 위해 들여야 할 시간을 정합니다. 무리하지 않고 해낼 수 있을 정도의 시간을 배정하는 것이 좋습니다. 저의 경우에는 하루 두 시간으로 정했습니다. 주어진 시간 안에 집안일을 끝내려면 우선순위가 낮은 집안일은 포기할 수밖에 없죠. 하루 두 시간씩만 집안일을 해도 이상적인 생활이 가능하다는 걸 알게 된다면 자연스럽게 그 이상의 노력은 하지 않게 됩니다.

또한 집안일의 목표를 정하면 '더 해야 해' 하는 초조한 마음에서 해방됩니다. 제가 집안일을 아침에 해치우려는 이유도 여기에 있습니다. 비교적 여유로운 저녁 시간에는 일을 질질 끌게 되거나 계획보다 많이 일하게 되기 때문입니다.

작은 목표를 단계적으로 설정하면 더욱 효율적으로 움직일 수 있습니다. 이 방법은 26쪽에 '15분 작업'으로 소개해두기도 했습니다. 한 시간짜리 요리 작업을 15분씩 쪼개어 하나씩 해치워보세요. 일의 진척 상황과 작업 전체의 과정이 한눈에 파악되어 막힘없이 진행할 수 있다는 걸 알게 됩니다. 마치 다 쓴 연습장을 한 장 한 장 찢어버릴 때처럼 작업을 끝마칠 때마다 머리도 마음도 말끔해집니다.

그렇다면 목표에서 제외된, 우선순위가 낮은 집안일은 어떻게 해야 할까요. 단순하게 생각해보면 그냥 그 일을 하지 않으면 됩니다. 저는 서툰 일이나 가치가 떨어지는 일에서 손을 뗐습니다. 물론 잘하는 일이나 조금 번거로워도 가치를 생산하는 일은 포기하지 않았습니다.
제게는 다림질이 반복해도 늘지 않는 어려운 일입니다. 그래서 다려야 할 것들을 전부 세탁소에 맡기는 방식으로 문제를 해결했습니다. 설거지나 바닥청소는 가전제품을 사용해도 충분하다고 생각해서 식기세척기와 로봇청소기에 믿고 맡기는 방법으로 서툰 집안일에서 해방되었지요. 다만 요리의 경우는 가족의 만족으로 이어지는 가치 있는 집안일이기 때문에 실력이 부족해도 직접 하려고 노력합니다.

Living Small

미니멀 라이프를 위한 네 가지 조건

미니멀 라이프를 위해 생활에 적용하고 있는 저만의 규칙입니다.
조금만 마음을 굳게 먹으면 어렵지 않게 따를 수 있어요.

1. 생활을 복잡하게 만들지 않는다

미니멀 라이프를 위해서는 살림을 복잡하게 꾸리지 말아야 합니다. 방 안 여기저기에 장식물만 걸어두지 않아도 정리정돈과 청소를 눈 깜짝할 사이에 끝낼 수 있습니다. 요리도 메뉴를 단순하게 정하면 만드는 수고가 줄고 설거지도 간단하게 해치울 수 있습니다. '마음 편한 생활'을 보낼 수 있는 포인트만 남긴다 생각하고 그 외의 것을 제거하는 방식으로 여유를 만들어갑니다. 조금만 마음을 굳게 먹으면 어렵지 않게 실천할 수 있어요.

2. 이유 없이 물건을 소유하지 않는다

일주일에 한 번 구입하는 달걀은 한 판이 아니라 6개씩 소포장된 상품을 선택합니다. 달걀을 어떻게 사용할지 정하지 않은 상태에서는 사지 않습니다. '싸니까', '있으면 언젠가는 쓰니까'라는 식으로 장을 보면 자기도 모르게 계획보다 돈을 더 쓰게 되거나 결국 재료를 버리게 되는 등 낭비가 늘어나니까요. 꼭 필요한 물건만 소량으로 구입하고, 구입한 것은 모두 사용하는 습관을 마음에 새겨야 합니다.

3. 시간을 내 편으로 만든다

오랫동안 정성 들여 집안일을 하는 것이 항상 좋다고는 생각하지 않습니다. 최소의 시간으로 최대의 효과를 거두고 남은 시간은 가족과 저의 즐거움을 위해 보내고 싶습니다. 이렇듯 되도록 시간을 의미 있게 보내기 위해 아침에 저녁 식사의 밑준비까지 미리 해둡니다. 하루 종일 간이 배어들어 요리가 깊은 맛을 낼 수 있고 저녁 시간 낭비도 줄어들죠. 또한 그때그때 청소를 해서 찌든 때가 생기지 않도록 관리하고 있습니다.

4. 다른 사람이나 기계의 도움을 받는다

집안일을 효율적으로 하려고 다른 사람이나 기계의 도움도 받습니다. 평일 청소는 로봇청소기에게 맡기고 식기세척기는 아침저녁으로 이용합니다. 빨래는 밤에 하는 편이라 밖에 널지 않고 실내에서 빨래건조기로 말립니다. 덕분에 남편도 집안일 중 상당한 부분을 돕게 되었습니다. 규칙을 단순하게 만들되 완벽을 추구하지 않는 것이 저의 노하우입니다.

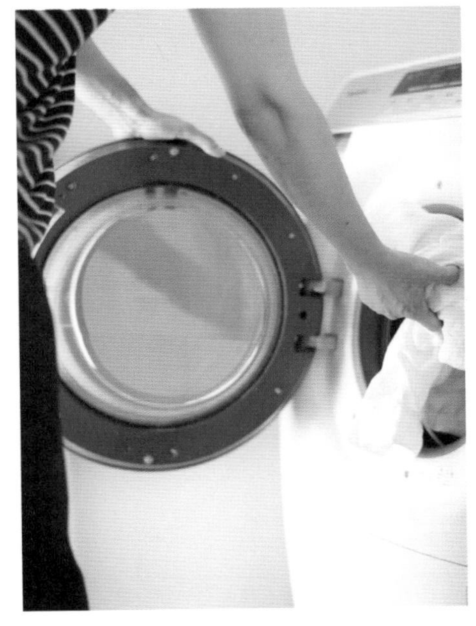

저에게 미니멀 라이프는 해외 생활과 잦은 이사를 경험하며 자연스레 몸에 익은 습관입니다.
그동안 저의 주거 역사를 정리해봤습니다.

0세	가족과 함께 거주		자매 중 장녀로 자람
3~11세	독일 거주	첫 번째 이사	심플하고 실용적이며 건강한 삶에 익숙해짐
11~18세	일본 할머니 집에서 거주	두 번째 이사	2개의 공간이 합쳐진 전통 일본식 방에서 생활
18~22세	가족과 함께 거주	세 번째 이사	꿈에 그리던 내 방이 생겼고, 인테리어에 대한 관심이 높아짐
22~29세	자취	네 번째 이사	식기는 수납 케이스 달랑 하나
		다섯 번째 이사	출퇴근이 편하도록 회사 근처에서 생활
29~31세	남편과 함께 거주	여섯 번째 이사	부부 모두 도심에서 근무했기에 일도 여가도 만끽하는 생활
31세	본격적으로 미니멀라이프 시작	일곱 번째 이사	차를 처분
32세	나 홀로 미국 파견	여덟 번째 이사	트렁크 하나 분량의 살림살이로도 생활할 수 있다는 것을 깨달음
33세	내 집 마련	아홉 번째 이사	현재 생활에 충분한 50m^2(15평) 크기의 집을 구입
34세	출산		육아휴직 중에 라이프 오거나이저 자격증 취득

지금 사는 집은 50㎡(15평) 크기의 아파트. 남편과 상의 끝에 '서로 얼굴을 볼 수 있는 거리를 유지하며 살자'라는 의견을 모아 거실 및 부엌, 방 하나로 이루어진 구조의 아담한 집을 선택했습니다. 작은 집은 살림살이를 정리하기 쉬울 뿐만 아니라 청소도 편리하다는 장점이 있습니다. 욕실, 세면실, 옷장이 가까워서 빨래를 정리하기도 수월하죠.

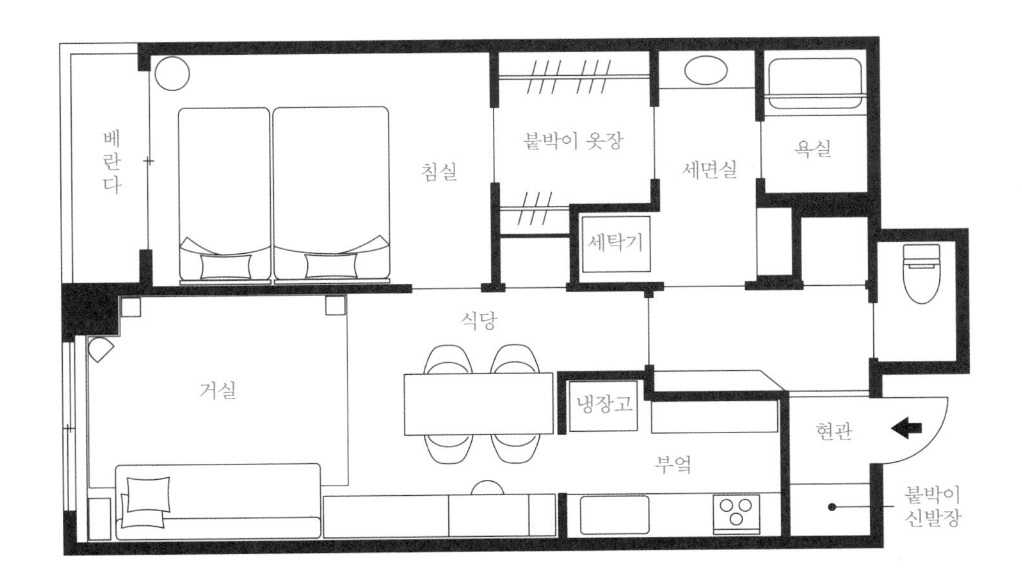

Chapter 1

Living Small
집안일

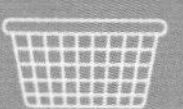

하루 집안일의 대부분을 해치우는 아침

제가 주로 집안일을 하는 시간은 아침입니다. 남편과 아이가 일어나는 7시 전까지 하루 집안일의 대부분을 해치우죠. 거실 정리, 저녁 식사 준비, 빨래 개기……. 집안일 할 시간이 한정된 평일에는 청소를 과감하게 포기하고, 주로 식사 준비와 빨래에 집중합니다.

반년 동안 미국에서 일하면서 많은 미국인이 이른 아침에 하루를 시작한다는 사실에 놀랐습니다. 아침 7시를 조금 넘겨 출근하고 저녁 5시에 퇴근하는 것이 평균적입니다. 가족과 함께 저녁 식사를 하기 위해 아침 일찍 출근하는 것인데, '퇴근 시간에 맞추어 업무 시작 시간을 정한다'라는 발상이 제게는 신선했습니다.

집안일도 회사 업무와 똑같다고 생각합니다. 비교적 시간이 여유로운 밤에는 자기도 모르게 집안일을 질질 끄는 경향이 있어요. 하지만 아침에 집안일을 하면 집을 나서기 전에 끝낼 수 있도록 효율적으로 움직이기에 시간 낭비를 줄일 수 있습니다. 당장 하지 않아도 되는 일은 내버려두고, 가장 중요한 일에 집중해보세요. 고요한 아침에는 집중력도 높아져서 집안일을 제법 해낼 수 있습니다.

저녁 식사 준비

아침 시간 중 45분 동안 저녁 식사 준비를 합니다.
익혀야 하는 음식은 미리 완성해두고,
된장국은 된장을 풀어놓는 정도까지 해둡니다.

빨래 정리

깨끗한 옷은 정리해서 옷장에 수납합니다.
빨래건조기를 욕실에 두었기 때문에,
외출 준비할 때 이 근처를 오가면서 가뿐하게 정리할 수 있습니다.

아침 집안일

※ 회색 글씨는 남편 담당

시간	집안일
5:00	기상 · 방 정리
5:15	출근 준비 · 빨래 정리 · 출근 준비(계속)
6:00	저녁 식사 준비 · 아침 식사 준비
7:00	아침 식사
7:30	출근 · 설거지 · 아이 어린이집 등원 준비
8:00	어린이집 배웅

저녁 집안일

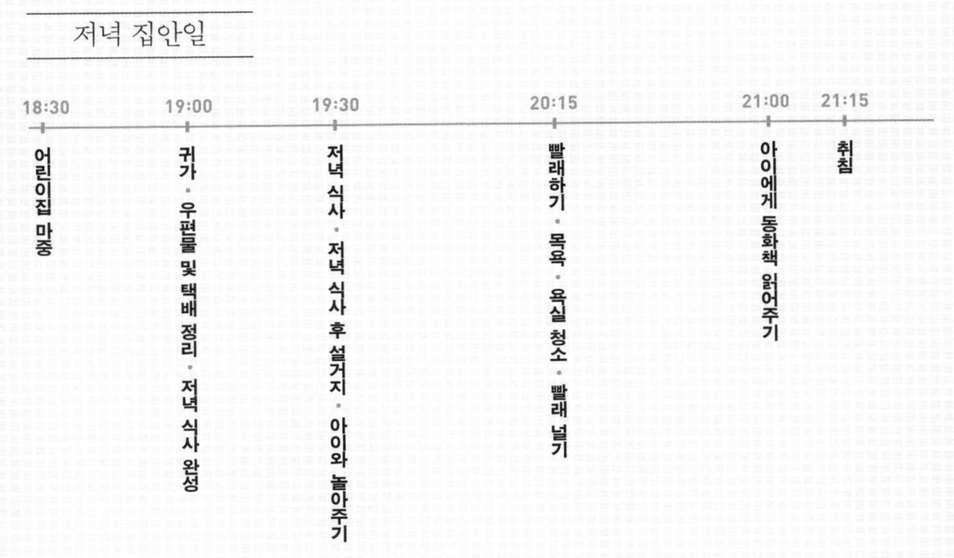

15분 작업으로 갖는 마음의 여유

효율적으로 집안일을 하기 위해 작업을 15분 단위로 나누었습니다. 15분은 한 가지 작업을 집중해서 끝내기 적절한 시간이라고 생각해요. 공부나 업무도 15분씩 모듈화하면 효율도 높아지고 성과도 올리기 쉽습니다.

우선 '여기까지 끝내고 싶다'라는 목표 달성을 위해 필요한 과정을 나누어, 15분 단위의 작업으로 정리합니다. 그러고는 각 작업을 시간순으로 늘어놓은 뒤 하나씩 해치운다고 생각하며 처리하는 거죠. 진행 상황을 15분마다 확인할 수 있기 때문에 늦어질 경우 다음 과정에서 조정할 수 있습니다. 이 방법으로 일을 관리하면 착실하고도 정확한 발걸음으로 목표에 다가갈 수 있고, '다음에 뭘 하지?', '이대로 괜찮을까?'라는 고민 없이 일할 수 있습니다.

15분으로 끝낼 수 있는 집안일은 의외로 많습니다. 한 시간 동안 두서없이 이것저것 모두 해내려고 할 때보다 심리적인 여유도 가질 수 있습니다.

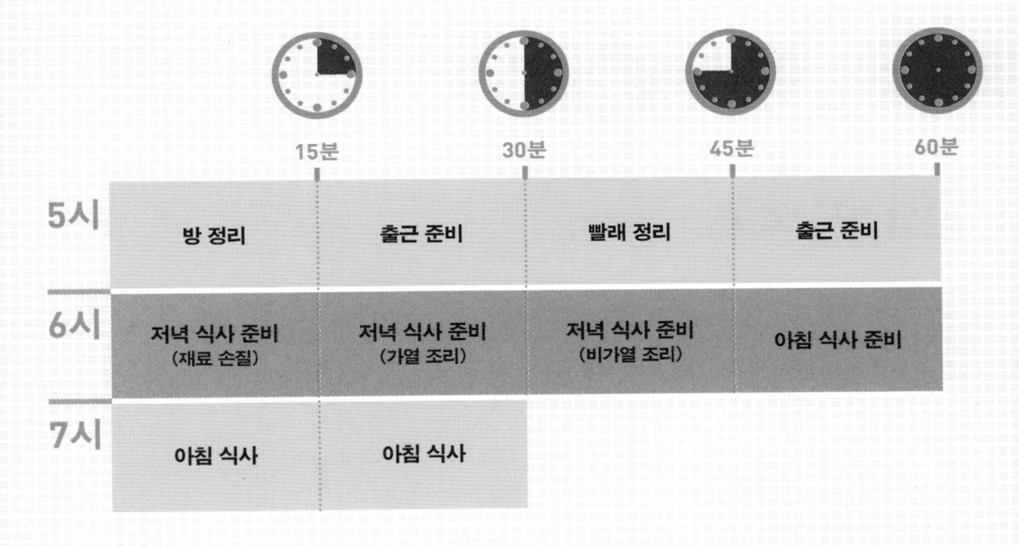

	15분	30분	45분	60분
5시	방 정리	출근 준비	빨래 정리	출근 준비
6시	저녁 식사 준비 (재료 손질)	저녁 식사 준비 (가열 조리)	저녁 식사 준비 (비가열 조리)	아침 식사 준비
7시	아침 식사	아침 식사		

재료 손질하기

주재료와 부재료 채소 두 가지를 손질하는 데 필요한 시간은 15분. 한 시간 안에 요리를 완성해야 한다고 생각하면 초조해져서 서두르게 되지만, 과정을 쪼개어 한 작업당 15분씩 배분하면 자르는 일에 집중할 수 있어서 보기 좋게 재료를 다듬을 수 있습니다.

비가열 조리

재료를 다듬고 조미료를 넣어 버무리기만 하면 완성되는 비가열 조리를 합니다. 사진 속 프렌치식 당근 샐러드(캐롯라페)처럼 절임 반찬은 15분이면 거뜬히 완성할 수 있습니다.

가열 조리

고기감자조림 등 가볍게 불을 쓰는 음식은 15분인 1모듈, 뿌리채소처럼 딱딱한 재료를 다루는 경우에는 30분인 2모듈을 확보하고 시작합니다.

아침 식사 준비

빵을 굽는 사이 채소 수프를 데우고, 요구르트를 그릇에 먹음직스럽게 담습니다. 물을 끓이고 커피까지 준비하는 데 걸리는 시간은 대략 15분이면 충분합니다.

빨래 정리

밤에 널어놓았던 빨래를 걷어서 그 자리에서 즉시 갠 후 옆 공간인 붙박이 옷장으로 이동합니다. 빨래를 널고 정리하는 일 모두 세면실에서 끝낼 수 있기 때문에 틈새 시간에 화장할 여유도 생깁니다.

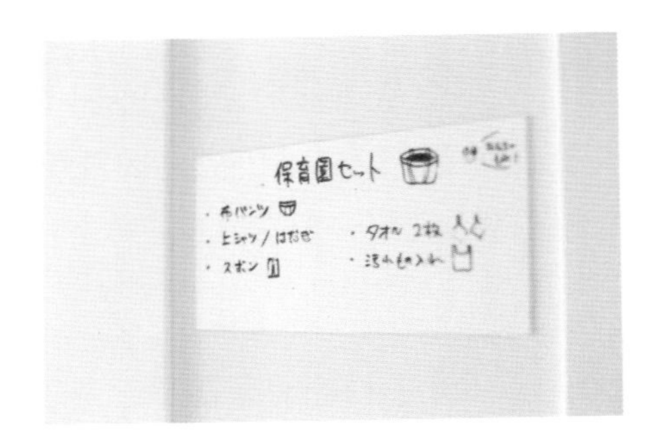

아이 어린이집 등원 준비

아이가 어린이집에 가져갈 물건을 서랍장에서 꺼내어 가방에 넣습니다. 옷장 문에 준비물 리스트를 붙여서 남편과 정보를 공유합니다.

세탁은
누구나 할 수 있는 시스템으로

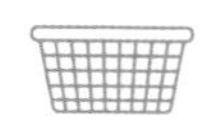

저희는 최소한의 옷으로 생활하기 때문에 빨래를 게을리할 수 없습니다. 게다가 '빨래 구분 → 빨래하기 → 빨래 널기 → 빨래 걷기 → 빨래 개기 → 끝'처럼 빨래 과정은 의외로 단계가 많아서 각각의 작업을 최대한 단순화시켰습니다. 가령 옷을 벗는 즉시 개인 빨래바구니에 넣어서 빨래 구분 작업의 품을 줄였죠.
욕실에 빨래를 널기 때문에 아무 때나 빨래를 할 수 있는 것이 장점입니다. 빨래가 다 마르면 티셔츠 등은 옷걸이에 걸어놓은 채로 바로 옷장으로 향합니다. 속옷은 세탁기 맞은편에 수납하는데, 아이템별로 구분해서 상자에 넣어두면 입을 때 찾기 쉽습니다.
무엇보다 빨래와 관련한 가장 빛나는 아이디어는 개인 빨래바구니입니다. 남편과 저는 각자의 옷은 각자 세탁하기로 했는데, 이 방법을 사용한 뒤부터 남편이 자기 빨래를 응당 해야 할 몫으로 여기게 되어서 제 마음이 한결 가벼워졌습니다.

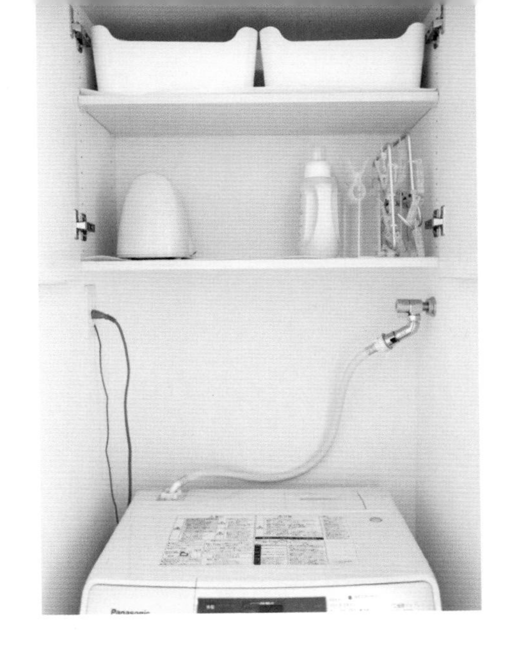

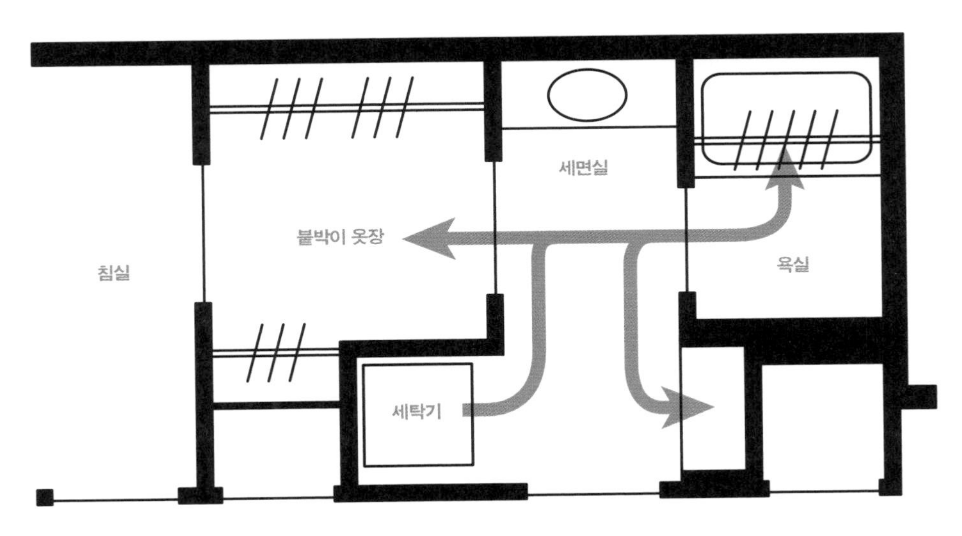

욕실 → 세면실 → 붙박이 옷장이 일렬로 되어 있고 세탁기와 가깝습니다.
덕분에 동선이 짧아져서 효율적으로 빨고, 널고, 정리할 수 있습니다.

구분 작업이 수월하다

남편 빨래는 남편이 하기 때문에 빨래바구니를 두 개 준비했습니다. 하나는 남편용, 하나는 아이용이지요. 옷을 벗을 때부터 분류하기 때문에 빨래하기 전에 누구의 옷인지 구분할 필요가 없습니다. 그리고 각자 자신의 생활 리듬에 맞추어 빨래할 수 있다는 점도 좋습니다.

언제든지 널 수 있다

빨래는 욕실에서 건조합니다. 욕실건조기* 덕분에 날씨를 신경 쓰지 않고 언제든지 빨래를 널 수 있어서 편리해요. 목욕할 때 세탁기를 돌리고, 목욕을 마친 다음 널고, 다음 날 걷어서 정리합니다.

* 욕실건조기: 습도가 높은 일본은 욕실 천장에 건조기를 설치해서 사용한다. 냉풍, 온풍, 환기, 건조 코스가 있어 빨래를 말릴 때 유용하다.

개지 않아도 OK

아이 옷 중 티셔츠 종류는 옷걸이에 걸어놓은 채로 옷장에 정리합니다. '옷걸이에서 벗긴 후, 갠다'라는 작업에서 벗어날 수 있으니까요. 화학섬유로 짠 속옷 등 주름을 신경 쓰지 않아도 되는 옷은 개지 않고 대충 옷장에 넣습니다.

1박스 1아이템

한 공간에 여러 가지 아이템을 수납하면 점점 엉망진창으로 헝클어질 확률이 높아집니다. 필요할 때 찾기 힘들 뿐만 아니라 정리할 때도 헷갈리죠. 그래서 작은 상자에 한 종류씩 수납하기로 했습니다. 사진은 남편의 양말과 티셔츠입니다.

청소하기 수월해지는 방 정리법

여유로운 토요일에는 바닥을 걸레로 닦습니다. 소요시간은 15분. 더러운 곳을 닦으면 기분도 상쾌해지고, 다음 날인 일요일을 느긋하게 보낼 수 있습니다.

이러한 일이 가능한 것은 '바닥에 물건을 두지 않는다'라는 규칙 덕분입니다. 저는 침실에 침대와 공기청정기 외에는 아무것도 두지 않았습니다. 협탁이나 조명도 없어요. 거실에도 TV와 TV 받침대를 두지 않았고 커피 테이블은 접어서 보관할 수 있는 것으로 선택해 필요할 때만 꺼내 쓰고 있습니다.

바닥뿐만 아니라 테이블이나 조리대 등 먼지가 앉기 쉬운 평면에도 가능한 한 물건을 올려두지 않았습니다. 거실 창가에는 식물만 두고 부엌 조리대에는 주전자만 두었습니다. 물건을 들추고 닦을 필요가 없기 때문에 걸레를 한 손으로 쥐고 가볍게 쓱 훔치기만 해도 말끔해지죠. 청소의 번거로움이 훨씬 줄어들었고, 주변을 깨끗하게 유지하기 쉬워졌답니다.

Bedroom

Living room

바닥 청소를 할 때 방해가 되는 전선은 리빙 보드에 구멍을 내고 통과시켜 바닥에 닿지 않도록 했습니다. 가구 제작을 의뢰할 때부터 구멍을 뚫어달라고 부탁했죠. 전선 위에 먼지가 쌓이는 것을 방지할 수 있습니다.

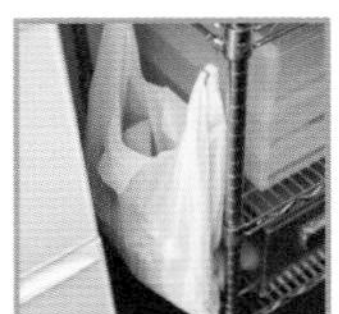

쓰레기통을 따로 두지 않고, 슈퍼마켓 봉지를 고리에 걸어서 쓰레기통 대신 사용하고 있습니다. 음식물 쓰레기는 음식물 쓰레기 분쇄기를 사용하고, 그 밖의 쓰레기는 자주 내다 버리려고 합니다.

간단한 얼룩이나 찌든 때는 하는 김에, 그때그때

바쁜 평일의 집안일은 식사 준비와 빨래, 두 가지가 주인공입니다. 저는 집안일의 하루 스케줄을 세워서 계획에 따라 착착 해내는 편입니다.

청소는 저만의 방 정리 방법(34쪽)과 기계의 힘을 빌려서(49쪽) 하고 있는데, 그래도 세 식구가 함께 사는 집은 어쩔 수 없이 더러워지기 마련이지요. 하지만 청소 시간을 따로 낼 여유가 없기 때문에 틈틈이, 그 자리에 있는 도구로 청소를 해서 더러운 상태로 방치되지 않도록 노력하고 있습니다.

예를 들면 아침에 출근 준비를 하면서 세면대를 사용하지요. 세수를 하고 세면대를 떠나기 전에 가볍게 청소를 합니다. 손에 비누를 묻혀서 주변을 문지른 다음 사용한 수건으로 물 자국을 닦아내는 거죠. 욕실은 샤워가 끝난 뒤 물기 제거용 걸레나 스퀴즈로 물을 털어내고 청소용으로 만들어둔 목욕수건으로 문질러줍니다. 부엌의 레인지후드나 가스레인지 주변은 요리가 끝나고 아직 온기가 남아 있을 때 젖은 행주로 훔쳐내기만 해도 간단하게 지저분한 자국을 없앨 수 있습니다.

1. 레인지후드 열에 녹은 기름때는 젖은 행주로 즉시 닦기만 해도 말끔히 제거됩니다.

2. 화장실 여러 겹으로 접은 티슈에 머치슨-흄(Murchison-Hume)의 화장실용 세제를 뿌린 다음, 신경 쓰이는 곳을 빡빡 닦습니다.

3. 욕실 욕조 안의 물을 모두 뺀 다음, 수건에 바디워시를 묻혀서 욕조를 대충 문지릅니다. 물 자국은 사용한 목욕 수건으로 닦으면 돼요.

한 걸음도 낭비하고 싶지 않다

어지러운 방 안을 보면 도무지 청소할 마음이 들지 않아요. 청소와 정리를 동시에 하면 시작하기도 전에 파김치가 된 기분이 듭니다. 이런 상황을 피하기 위해 물건은 잠깐이라도 아무렇게나 두지 않고 사용한 후 바로 제자리에 수납하려고 노력합니다.
예를 들어 빨래한 옷가지를 소파 등에 걸쳐놓으면 다시 시간을 내 정리해야 하기 때문에 개자마자 즉시 옷장에 넣는다는 원칙을 세웠어요. 피곤하다고 그때 정리하지 않으면 다시 시작할 때 의욕을 원점에서 끌어올려야 해서 더 힘들어집니다. 또 방 안을 돌아다니면서도 정리할 물건이 없는지 항상 살피고 생각하는 습관이 있습니다. 화장실에 볼일이 있으면 부엌부터 화장실까지 이어지는 길 사이에 떨어진 물건을 주워 정리하면서 이동하죠.
'한 걸음도 낭비하고 싶지 않다'라는 합리주의에 기반해서 실천하는 하는 김에 정리하기. 이 규칙 덕분에 방 안을 늘 깔끔하게 유지하고, 청소는 마음먹었을 때 즉시 시작할 수 있게 되었습니다.

주말 청소는 4단계로 끝내기

주말에는 평일에 미처 살펴보지 못했던 곳을 청소합니다. 저는 '무엇이든 단순한 것이 좋다'라고 생각해서, 집안일을 하는 순서도 매우 간단하게 짰습니다. 단순한 규칙만 지켰을 뿐인데도 대청소를 한 것처럼 쾌적한 상태를 꾸준히 유지하고 있습니다.

1단계 먼지 털기

창문을 열어둔 상태로 타조 털 먼지떨이를 사용해 먼지를 털어냅니다. 창살, 전등갓, 가구 등 높은 곳에서 낮은 곳으로 옮겨가며 스치듯이 문지르기만 하면 되니 힘들지 않아요. 특별히 눈에 띄지 않아도 일주일에 한 번씩 정기적으로 털어주면 먼지가 쌓이지 않습니다.

독일 레데커(REDECKER) 사의
타조 털 먼지떨이.
털이 부드러워서
섬세한 소재를 다룰 때도
상처 생길 걱정 없이
청소할 수 있습니다.

2단계 화장실 청소

변기커버는 매일 가볍게 닦고 주말에는 변기 안과 밖, 뚜껑 등을 집중적으로 청소합니다. 변기브러시는 사용한 다음 변기물에 내려보내는 제품을 선택해서 관리 항목을 줄입니다.

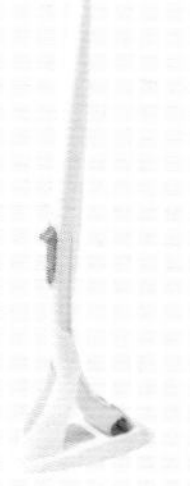

세제를 머금은 브러시를 사용하면
세제를 따로 준비할 필요가 없습니다.
변기물에 흘려보낼 수 있는
스크러빙 버블(scrubbing bubbles) 사의
변기브러시를 사용하고 있어요.

3단계 문 닦기

문은 의외로 살피지 못하고 지나치기 쉬운 곳이면서 시선이 자주 머무는 곳이기도 하지요. 젖은 걸레로 전체를 가볍게 닦아줍니다. 손잡이 주변은 꼼꼼하게 신경 씁니다. 문을 닦은 다음에는 선반이나 조리대를 닦습니다.

4단계 바닥 닦기

부엌에서 현관 방향으로 닦습니다. 마지막에 현관 바닥을 닦은 다음 다 쓴 걸레는 그대로 쓰레기통에 버립니다. 손걸레질은 힘들지만 더러운 부분을 가까이에서 확인할 수 있기 때문에 작은 때도 놓치지 않고 깨끗하게 닦을 수 있습니다.

한 철 입은 이너웨어를
잘라서 재사용.
일주일 사용한 부엌 행주를
쓸 때도 있습니다.

관리를 줄이는 물건 소유법

굳이 갖추지 않아도 되는 '없어도 상관없는 물건', 하나의 물건을 다용도로 사용하는 '여러 용도로 사용하는 물건', 여러 종류 욕심내지 않고 '한 종류로 사용하는 물건'으로 나눌 수 있습니다. 물건을 적게 소유하면 관리하는 일에서 해방될 수 있어요.

없어도 상관없는 물건

토스터

우리 집 그릴은 상하가열식이라서 식빵도 완벽하게 구울 수 있습니다. 그래서 토스터는 구입하지 않았어요. 타이머를 설정해두면 토스트가 완성될 때까지 지켜보지 않아도 됩니다.

슬리퍼

어릴 적부터 슬리퍼를 신지 않는 생활에 익숙해서인지 지금도 집 안에서 따로 슬리퍼를 신지 않습니다. 일주일에 한 번씩만 바닥 청소를 하면 맨발로도 기분 좋게 지낼 수 있습니다.

휴지통

부엌 한편에 놓인 아일랜드 조리대에 슈퍼마켓 봉지를 고리로 매달고 휴지통 대신 사용합니다. 세면실 등에서 나오는 쓰레기도 부엌으로 가져와 아일랜드 조리대의 쓰레기 봉지에 버립니다. 작은 집 관리를 위한 기술이라고 할 수 있는데, 쓰레기를 모으러 집 안을 돌아다니는 수고와 휴지통 청소를 생략할 수 있습니다.

밥솥

취사 냄비로는 르크루제(LE CREUSET) 제품을 애용합니다. 식기세척기에 넣어도 상관없는 제품이라서 관리에서 벗어날 수 있습니다. 수납장에 넣었을 때의 모양새도 깔끔하고요.

자동차

차는 사지 않고 렌터카와 택시를 이용합니다. 어린이용 카시트를 준비해두면 카쉐어링을 할 때도 편리합니다. 유지 관리의 노력도 전혀 들지 않아서 좋습니다.

여러 용도로 사용하는 물건

오벌 접시(중간이 약간 오목한 타원형의 접시)

파스타나 볶음 요리를 담았을 때 진가를 발휘하는 타원형의 큰 접시. 과일을 쌓아놓기도 적당하고, 상온에서 추가로 숙성해야 할 때 역시 요긴하게 쓰이는 아이템이에요.

젓가락 · 커틀러리 · 찻잔

젓가락과 찻잔은 부부가 함께 씁니다. 어린이용 커틀러리는 따로 구분하지 않고 디저트용을 사용합니다. 자기 것을 찾으려고 뒤적이는 번거로움이 없어지지요.

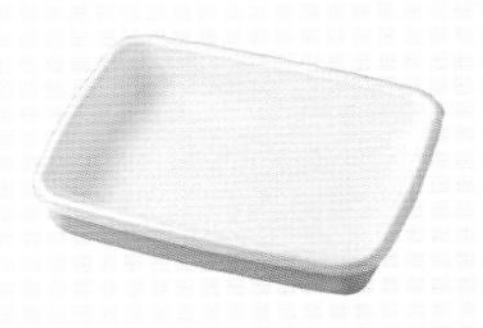

청소세제

세스키 탄산소다, 구연산, 알코올, 산소계 표백제. 이 네 가지 세제로 집 안의 온갖 더러움에 대처하고 있습니다. 굳이 여러 종류의 세제를 준비하지 않아도 됩니다.

참기름

참깨 특유의 색과 냄새가 적은 다이하쿠 참기름(太白胡麻油)은 샐러드 오일 대신 사용할 수 있습니다. 가벼운 마무리감이 특징이라서 버터 대신 사용해 과자를 구울 수도 있습니다.

법랑 용기

노다호로(野田琺瑯)의 얕은 직사각형 캐니스터, M사이즈를 요리접시 겸 보존용기로 활용합니다. 오븐 사용 가능한 제품이라 케이크도 구울 수 있습니다.

한 종류만 사용하는 물건

랩

갖고 있는 식기 사이즈에 맞추어 폭 20cm짜리 랩 한 종류만 구비합니다. '이건 무슨 사이즈?'라고 일일이 생각할 필요가 없어서 매우 편리합니다. 폭이 모자랄 때는 서로 겹쳐서 사용합니다.

세탁세제

섬유용 세제나 표백제는 쓰지 않고 브랜드 arau의 무첨가 비누 한 종류만 사용합니다. 드럼식 건조기로 보송보송하게 마무리할 수 있으므로 유연제도 필요 없습니다.

남편과 집안일을 나누는 방법

부부는 가정의 공동 경영자라는 생각으로 생계의 책임과 집안일의 부담을 남편과 반씩 나누었습니다. '당신한테 맡길게. 잘 부탁해'라는 태도가 아니라 공평하게 나누고 각자 역할도 서로 도우면서 몸을 움직여 일하는 고단함과 세상사의 무거움을 함께 합니다.

분담을 하려면 아무래도 남편이 집안일을 쉽고 즐겁다고 느낄 수 있는 장치가 필요합니다. 예를 들면 아침은 항상 같은 식단으로 준비하거나 조리도구를 남편이 좋아하는 디자인으로 갖추는 식으로요. 빨래한 옷을 수납함에 대충이라도 넣기만 하면 된다는 규칙을 정해서 빨래 개기가 서툰 남편도 스트레스 받지 않고 정리할 수 있는 환경도 만들었습니다. 아이의 어린이집 준비물을 서랍 하나에 모아둔 이유도 남편을 위해서였죠.

집안일은 아내만의 규칙이 많아서 남편이 도와주고 싶어도 무엇을 어떻게 해야 할지 모르는 경우가 적지 않아요. 누구나 할 수 있는 간단한 방식으로 재편성하니 남편이 집안일을 자연스럽게 받아들이게 되었습니다. 덕분에 제 생활이 좀 더 편해졌지요.

식단과 식기를 정해두면 아침 식사를 남편이 준비하더라도 우왕좌왕할 일이 거의 없습니다.
제가 먼저 출근하기 때문에 식사 뒷정리와 아이의 어린이집 배웅은 남편이 맡고 있습니다.

디자인이 멋진 것으로

비주얼을 중시하는 남편은 디자인이 세련된 물건을 매우 좋아합니다. 그래서 부엌 조리도구의 색깔을 블랙으로 통일해 남편의 의욕을 불러일으켰습니다. 이 방법이 적중해서 가끔 남편이 해주는 맛있는 요리를 먹을 수 있지요.

방법을 간단하게

옷을 개는 것이 서툰 남편. 그래서 남편이 부담을 느끼지 않고 해낼 수 있는 방법을 짜냈습니다. 바로 상자 하나에 아이템 하나씩 수납하되, 상자 안은 엉망진창이어도 괜찮다는 것이 규칙입니다.

장소를 알기 쉽게

아이가 어린이집에서 갈아입을 옷이나 수건은 여기저기에서 찾지 않도록 한곳에 모아두었어요. 알기 쉽게 수납하면 급할 때 '그것 좀 갖다 줘!'라고 남편에게 마음 편히 부탁할 수 있습니다.

기계에 집안일 미루기

집안일의 역할분담과 관련해서 우리 부부도 신혼 초기에 말다툼을 한 적이 있습니다. 제가 남편에게 청소 교대제를 요구하자 남편은 '두 사람 모두 하지 않는 방법'을 제안했습니다. 즉시 그날로 로봇청소기를 구입을 결정했고, 그 이후 저도 집안일을 기계에 맡기는 것에 대한 거부감이 사라졌습니다. 로봇청소기는 지금도 하루에 한 번, 설정된 세팅에 따라 바닥 청소를 담당하고 있지요.

청소 외에 설거지도 식기세척기에 맡깁니다. 식기나 조리도구 대부분도 식기세척기 사용이 가능한 것으로 마련했습니다. 설거지거리가 나오는 즉시 식기세척기에 넣으니 덕분에 싱크대에 물건이 쌓이지 않아 일하는 시간이 단축되었습니다.

집안일의 기계화로 요리를 하거나 아이와 함께 시간을 보낼 수 있는 여유가 생겼습니다. 모든 집안일을 저 혼자서 100% 해낼 수 없으므로 선택과 집중이 중요합니다.

체력 소모 없는 쇼핑하기

한 손은 아이의 손을 잡고 다른 한 손은 무거운 시장바구니를 들고 쇼핑하는 일에 지쳐가던 무렵이었습니다. '쇼핑에서 해방되는 방법은 없을까?'라는 고민을 하다 인터넷 쇼핑몰의 배송서비스가 떠올랐죠. 덕분에 직접 장을 보러 오가는 시간과 운반으로 인한 체력소모에서 해방될 수 있었습니다. 우리 집의 경우 식자재는 오이식스(Oisix), 일용품은 아마존(Amazon)이나 로하코(LOHACO)를 이용합니다. 오이식스는 과거 주문 이력을 확인할 수 있어서 물건을 살 때 고민하지 않고 빠르게 쇼핑을 끝낼 수 있습니다. 가격은 비싼 편이지만 낭비하지 않게 되므로 오히려 절약되는 측면도 있습니다.

티슈

화장실용 두루마리 화장지는 60m보다 90m를, 티슈는 60매보다 200매를 선택합니다. 쇼핑의 빈도를 줄일 수 있습니다.

다진 고기

다진 고기는 오이식스의 150g×3개 팩 제품을 구입해서 소분하는 번거로움을 피합니다. 구입 후 바로 냉장고에 넣어두기만 하면 되니 수월합니다.

PDCA 사이클로 집안일 새로고침

PDCA 사이클 제대로 실천하기는 직장에서도 자주 듣는 말입니다. 어떤 프로젝트를 수행할 때 계획(Plan)해서 실행하는(Do) 것만이 아니라, 실행 후에 효과나 문제점을 파악해서 평가(Check)하고 개선(Action)으로 연결한다는 내용입니다. 그리고 그 결과를 다음 프로젝트 계획에 반영하면서 지속적인 개선의 사이클을 만듭니다.
이 사고방식은 집안일에도 적용할 수 있습니다. 식기 수납을 예로 들어봅시다. 식기가 늘어나면 수납방법을 다시 고민하고 배치를 바꿔보지만 왠지 사용하기 불편하다고 느껴질 때가 있지 않나요? 그럴 때는 원인을 찾아서 즉시 개선하는 것이 좋습니다.
아주 약간의 불편함이라도 외면하면 수납하지 못하는 물건이 점점 늘어나고 쌓여서 혼돈에 빠지게 되지요. 저는 2주일에서 한 달 정도마다 PDCA 사이클을 실행하면서 항상 깔끔한 상태를 유지하고 있습니다.

P

Plan 계획

실적과 예측을 바탕으로
목표 설정,
업무계획 작성

D

Do 실행

계획에 따라
실제로 업무 실행

C

Check 평가

계획에 따라
업무가 실행되고 있는지
검증 및 평가

A

Action 개선

개선해야 할 점을 검토하고
적절하게 조치해서
다음 계획에 반영

식기 수납 업데이트

음식 취향이나 생활의 변화에 따라 식기의 사용 빈도는 달라집니다. 그릇을 꺼내고 넣는 데 스트레스를 느낀다면 PDCA를 실천해서 사용하기 쉽게 개선할 수 있어요.

Before

After

❶ 뒷줄에 놓인 접시의 사용 빈도가 높아졌기 때문에 손이 닿는 앞쪽으로 옮기고, 앞줄의 작은 공기는 아래 칸으로 이동.
❷ 형태와 크기가 제각각이라 불안정했던 작은 접시 중에서 다른 접시로 대신할 수 있는 것은 처분. 남은 것은 위 칸으로 이동.
❸ 가운데 칸에 생긴 빈 공간에는 겹쳐놓아서 꺼내기 힘들었던 위 칸의 소형 내열 냄비를 하나씩 꺼내 앞뒤로 나란히 정리.

생활비는 월간관리보다 연간관리로

저는 작은 돈 관리에 어려움을 느낍니다. 쇼핑은 모두 카드로 결제하기 때문에 카드 명세서가 곧 가계부가 되지요. 한 달 생활비를 주마다 또는 항목별로 구분하는 방법을 시도한 적도 있지만 관리가 복잡할 뿐 아니라 '아직 ○○원 있으니까 조금 더 써도 되겠다'라는 괜한 마음의 여유가 생겨서 쓸데없는 소비가 늘곤 했습니다. 갑작스러운 지출에 대응하지 못해서 적금을 해지하는 등 절약과는 거리가 먼 생활이었어요. 모든 일을 필요 이상으로 잘게 쪼개서 관리하는 마이크로매니지먼트에 열중하면 융통성이 없어지고 과감한 투자를 할 수 없게 됩니다. 이는 회사 경영과 비슷한 것 같습니다.

지금은 한 달 생활비×12개월, 귀성 비용, 예비비를 더해 한 해의 예산을 짜고, 세세한 항목에 연연하지 않으면서 가계를 꾸리고 있습니다. 예를 들면 큰 가전제품을 새로 구입한 해에는 생활비를 매월 조금씩 절약하고, 반대로 생활비를 절약해서 여윳돈이 생긴 해에는 가족여행을 조금 럭셔리하게 즐기는 식이지요.

이 방법으로 일상의 소비가 자유로워졌고 때로는 과감한 쇼핑도 할 수 있게 되어서 생활의 만족도가 높아졌습니다.

Chapter 2

Living Small

부엌일

먹는 것도 심플하게

원료나 제조방법을 깐깐하게 살펴 고른 물건은 식재료의 맛을 한층 더 풍부하게 끌어냅니다. 오른쪽부터 다이토쿠간장(大徳醤油)의 고우노토리 간장(こうのとり醤油), 교쿠센도주조(玉泉堂酒造)의 교쿠센시라타키 3년 숙성 순미본미린(玉泉白滝 三年熟成 純米本味醂), 아오토주조(青砥酒造)의 요리용 청주 요리의 요(蔵元の料理用清酒 料理の要), 무라야마주초(村山酒酢)의 전통식초 가모 치도리(京酢 加茂千鳥), 치탐솔트(Cheetham Salt)의 남쪽의 끝(南の極み).

세 살부터 열한 살까지 독일에서 경험한 식사 메뉴는 삶은 감자에 치즈와 소금, 후추를 뿌려 먹는 정도로 무척 간소했습니다. 친정에서도 신선한 생선을 회나 구이로 요리해서 먹는 경우가 많았기 때문인지 지금도 '심플하게 먹는 것이 가장 맛있다'고 생각합니다.

그래서 고기나 생선을 가볍게 밑간한 뒤 굽는 그릴 요리나, 익힌 채소 요리 등 재료 본연의 맛을 즐기는 요리가 우리 집 간판 메뉴입니다. 조리법이 간단한 만큼 식재료와 양념은 까다롭게 고르고, 제철 채소에 맛있는 소금이나 올리브 오일을 곁들이는 등 건강한 식생활을 할 수 있도록 노력하고 있습니다.

심플한 요리는 당연히 조리 과정도 간단합니다. 조미료를 종류별로 갖추거나 조리도구를 이것저것 사용하지 않고도 끝낼 수 있으니 정말 편하지요. 게다가 장보기, 뒷정리, 재고관리, 유지관리 등 식사 준비와 관계된 모든 귀찮은 일에서 비교적 여유롭다는 점도 매력적이랍니다.

신선한 식재료를 사용하면 별다른 조리법 없이 익히기만 해도 맛있기 때문에
요리하는 수고를 대폭 줄일 수 있습니다.
채소도 끓는 물에 살짝 데치는 정도면 충분하지요.
식탁 위에 조미료를 두고 각자 입맛대로 간을 맞추는 것이 우리 집 스타일입니다.

식단은 간결하게

'오늘은 뭐 먹지?' 주부라면 하루도 빠짐없이 시달리는 식단 고민은 음식의 종류와 맛으로 기준을 압축해서 간단하게 해결했습니다.
먼저 종류는 가족 모두가 좋아하는 것으로 정합니다. 주로 요리 방법과 맛이 익숙한 가정식이 중심이지요. 중국요리나 제3세계 음식처럼 잘 모르는 메뉴는 시도하지 않는 편입니다.
저녁 식사는 1국 3찬이 기본입니다. 메인 반찬 한 가지, 보조 반찬 두 가지, 된장국, 밥. 보조 반찬은 달고 매운 맛, 짠맛, 무미(無味)한 맛으로 세 가지를 준비하면 웬만한 메인 반찬과도 잘 어울리기 때문에 조합을 고민할 필요가 없어집니다. 예를 들어 소금기가 강한 절인 연어가 주인공이라면 보조 반찬 중 한 가지는 달고 매운 맛의 고기감자조림, 그리고 다른 한 가지는 삶은 콩에 깨소금을 버무려 단맛을 끌어내는 정도로 상차림을 완성하는 식이에요. 보조 반찬은 주 초반에 나머지 3일 치를 미리 만들어두면 그때그때 만드는 수고로움을 덜 수 있습니다.
메뉴의 조화를 고려하면서 식단을 짜면 복잡해지므로 과감하게 간결한 식단을 시도하는 것도 좋은 방법입니다. 심플한 식단으로도 매일 다른 맛을 즐길 수 있습니다.

레시피 수첩. 친정 어머니의 요리법이나
맛있게 먹었던 요리는 내용을 보충해 메모해둡니다.

Living Small
3찬 메뉴 예시

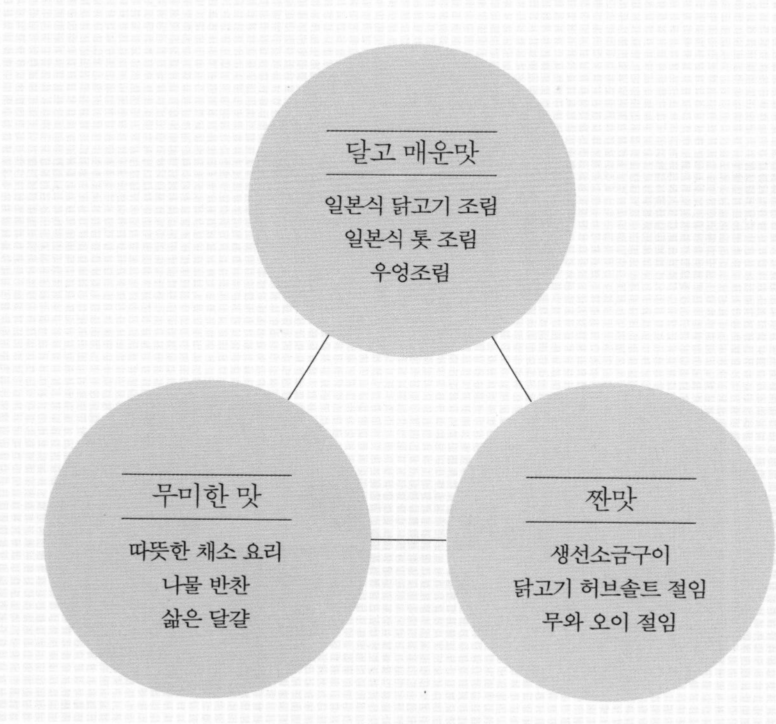
달고 매운맛
일본식 닭고기 조림
일본식 톳 조림
우엉조림
무미한 맛
따뜻한 채소 요리
나물 반찬
삶은 달걀
짠맛
생선소금구이
닭고기 허브솔트 절임
무와 오이 절임

달고 매운 맛

고기감자조림은 얇게 저민 소고기를 듬뿍 사용하는 것이 우리 집 스타일입니다. 단맛은 설탕과 맛술로 냅니다.

무미한 맛

참깨를 넣어 무친 뒤, 맑은 맛국물에 넣어 속까지 진하게 배어들게 합니다. 마무리 과정을 조금만 신경을 쓰면 다양한 맛을 즐길 수 있습니다.

짠맛

소금기가 부족할 때는 절인 채소를 식탁 위에 올립니다. 무와 오이에 소금을 뿌려서 숨을 죽이고, 얇게 자른 다시마를 더해 감칠맛을 끌어냅니다.

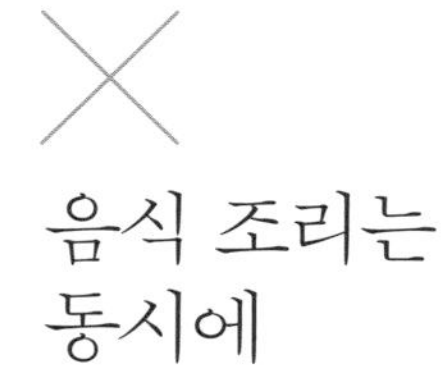

음식 조리는 동시에

식사 준비는 최대한 짧은 시간 안에 끝내되, 모든 요리가 동시에 완성되도록 신경을 씁니다. 요리를 잘하는 사람은 몸에 익은 감각과 경험으로 물 흐르듯 자연스럽게 해낼 수 있지만 저는 머리로 이해해야만 몸이 움직이는 타입입니다. 그래서 부엌에 서기 전에 작업 계획표를 머릿속으로 대충 그린 다음 음식을 만들기 시작합니다.

조림과 따뜻한 채소 요리, 된장국, 밥을 준비하는 경우를 예로 들어 설명해볼까요. 냄비를 불 위에 올려둔 사이 조리대에서의 작업을 끝내는 식으로 3구 가스레인지를 효율적으로 사용하고, 불필요한 대기시간을 얼마나 줄일 수 있는지 계산합니다. 이 과정에서 15분 작업(26쪽)을 이용하면 도움이 됩니다.

조림은 채소부터 다듬어야 불을 쓰는 단계로 넘어갈 수 있는데, 채소를 손질하는 동안 가스레인지의 1번 불에 물을 끓여서 시간을 단축합니다. 채소가 익으면 물기를 뺀 뒤 한 김 식히고, 조리가 끝난 냄비를 재빨리 씻어서 이번에는 된장국을 끓입니다. 그리고 동시에 2번 불로 조림을 시작하고, 안쪽의 3번 불은 밥솥용 냄비로 밥을 짓습니다.

처음부터 계획을 세워두고 시작하면 조림과 된장국이 완성될 때쯤 밥도 맛있게 뜸 들어서 방금 만든 요리의 참맛을 즐길 수 있습니다.

조림, 따뜻한 채소 요리, 된장국, 밥을 동시에 준비하는 경우에는 작업을 15분 단위로 나누어서 비는 시간이 없도록 퍼즐처럼 순서를 짭니다.

장소 시간(분)	가스레인지 1번 불	가스레인지 2번 불	가스레인지 3번 불	생선 도마 / 조리대
0 ~ 15	물 끓이기		쌀 불리기	채소 다듬기 (조림 · 따뜻한 채소 요리)
15 ~ 30	채소 익히기	조림 만들기	밥 짓기	채소 다듬기 (된장국)
30 ~ 45	된장국 끓이기		밥에 뜸 들이기	익힌 채소 건져서 물기 빼기

방치는
의외로 최고의 요령

간결한 집안일의 비결은 시간을 내 편으로 만드는 것. 아무것도 하지 않고 그저 시간에 맡기기만 해도 재료에 맛이 스며들어 한없이 풍미가 깊어지는 '방치 요리'는 우리 집 단골 메뉴이기도 합니다.

생선소금절임은 소금을 충분히 묻힌 생선을 냉장고에 넣고 하룻밤 정도 방치하면 끝. 다음 날 소금을 닦아내고 그릴에 구우면 발효의 힘으로 감칠맛이 더해진 맛있는 생선요리가 완성됩니다. 저는 바로 못 먹는 생선을 보관할 때도 이 방법을 사용합니다.

냉장고에서 2~3일 방치하면 독특한 맛과 향이 우러나와서 색다른 즐거움을 주는 또 다른 메뉴는 바로 닭고기 햄입니다. 만드는 방법도 참 간단합니다. 먼저 닭가슴살에 소금과 설탕을 문질러 맛이 스며들게 합니다. 그대로 두고 어느 정도 시간이 지난 뒤 랩으로 꼼꼼하게 싸서 끓는 물에 넣습니다. 닭고기가 익으면 가스레인지 불을 끄고서 식을 때까지 두면 완성되죠.

피클의 경우에는 식초, 화이트와인, 설탕, 소금을 섞어 만든 양념을 끓인 다음 채소, 월계수, 통후추를 넣어 냉장고에서 반나절 방치하면 됩니다. 먹고 남더라도 오랫동안 보관이 가능하니 이것 역시 방치 요리의 좋은 점이지요.

시간을 줄여주는 구이와 조림

스피드 요리는 볶음 요리가 대표적입니다. 볶음 요리는 달군 팬에 재료를 대충 잘라 넣고 후다닥 볶는 것이 전부라서, 다른 요리와 비교하면 확실히 시간이 절약되죠. 하지만 저는 서둘러야 할 때 볶음 요리보다 구이와 조림을 만듭니다.
이유는 큰 노력을 들이지 않아도 맛있는 요리를 완성할 수 있기 때문이에요. 미리 준비를 해두면 조림 요리는 가스레인지에, 굽는 요리는 그릴에 맡기고 그사이 다른 음식을 만들 수 있습니다. 볶음 요리는 과정이 간단해도 조리하는 내내 그것만 집중해야 하기에 한 가지밖에 못 만들지요. 이 점과 비교하면 구이와 조림이 훨씬 효율적이라고 생각합니다.
같은 이유로 시간이 없을 때는 파스타도 메뉴에서 제외합니다. 맛있는 파스타를 만들려면 면을 잘 삶아야 하기에, 다른 작업에는 신경 쓸 겨를이 없습니다. 요리하는 내내 가스레인지 앞에 붙박이로 서 있는 일에서 해방되면 시간을 알차게 활용할 수 있습니다. 완벽주의를 추구하지만 요리 솜씨는 부족한 저는 이처럼 제게 맞는 요리법을 찾고, 활용하려고 노력하는 편입니다.

RISTEL

수목금 응급 메뉴

여유가 없어지는 주 후반에는 아침 식사의 준비 작업이나 저녁 식사의 마무리 작업이 비교적 간단한 메뉴를 선택합니다. 손이 덜 가는 메뉴는 제가 야근을 하더라도 남편 혼자서 완성할 수 있으니 가족들의 식사 걱정이 조금 줄어듭니다.

준비가 간편한 요리

치킨라이스

볶아만 놓으면 되는 시간 절약 메뉴

밑작업은 재료를 볶는 데까지만 해두어도 OK. 밥은 먹기 직전에 넣습니다. 닭고기, 양파, 당근, 피망을 다듬고 통조림 옥수수와 함께 볶은 다음 토마토소스, 육수, 소금, 후추로 맛을 냅니다.

소보로덮밥

재료 다듬는 시간이 필요 없고, 불로 익히기만 하면 끝

냄비에 다진 고기와 생강, 설탕, 간장, 술을 넣고 젓가락으로 뒤적이며 볶아줍니다. 달걀도 설탕, 맛술, 소금으로 양념한 뒤 볶아 스크램블을 만들면 됩니다. 칼로 다듬는 재료는 고명 채소뿐이라 준비가 간편합니다.

포토푀

재료는 투박하고 크게

재료를 큼직하게 잘라서 다듬는 시간을 절약하는 것이 노하우입니다. 감자, 당근, 셀러리는 한 입 크기로, 양배추는 큼직하게 썹니다. 양념도 육수, 소금, 후추로 간단하게 합니다.

삶은 돼지고기

냄비에 넣고
삶기만 하면 완성

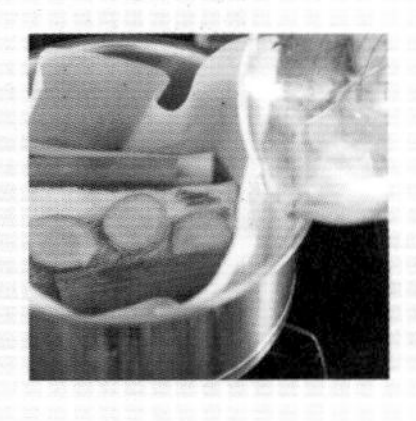

찜기 대신 유산지를 이용합니다. 냄비 바닥에 유산지를 깔고 그 안에 수육용 돼지고기, 파, 생강을 넣습니다. 유산지와 냄비 벽 사이에 물을 채우고 끓이는데, 이때 뚜껑을 덮어 냄비 안에 증기가 가득하게 만들어주는 것이 중요합니다.

양배추와 오이 절임

시판 조미료를 이용해 맛내기

미츠우라(光浦) 양조회사의 일본식 맑은 맛국물 마법다시(まほうだし)를 사용해서 시간과 노력을 줄입니다. 소금을 넣은 맛국물에 오이와 양배추를 썰어 지퍼백에 넣고 손으로 조물조물거린 뒤 5~10분간 방치합니다.

소송채와 유부 무침

냉동 유부를 활용한 메뉴

냄비에 맛국물과 간장, 맛술, 설탕을 넣고 끓인 다음 잘라서 냉동 보관해둔 유부, 소송채 순서로 넣어줍니다. 부르르 끓어오를 때까지 두어야 합니다. 양념이 배어들 때까지 약한 불에서 바싹 졸이면 완성됩니다.

Thank you!
Oisix
自然のおいしさそのままに
北海道根釧地区milk
北海道根釧地区
milk
ミルク
種類別 牛乳
生乳100%使用
Oisix offers quality food
you can trust, that meet our original
Oisix standards. With us,
you can find the best food
you won't find elsewhere.
Oisix
鈴鹿山麓
プレーン
ヨーグルト

무턱대고 식재료 구입하지 않기

왼쪽 사진 속 식품은 매주 계획적으로 구입하는 것입니다. 달걀 6개와 우유 1L, 요구르트 400g은 우리 세 식구가 일주일간 먹을 식량이지요. '있으면 어딘가에 쓰겠지'라며 식재료를 무턱대고 샀다가 결국 다 못 먹고 버린 경험을 반성하면서 지금은 메뉴를 정한 뒤 필요한 만큼만 사고 있습니다. 예를 들어 한 주 동안 달걀말이, 감자샐러드, 달걀장국을 만들기로 했다면 달걀 6개짜리 한 팩만으로도 충분하지요. 막연하게 10개짜리를 사는 일은 이제 없습니다.

한 주에 한 번 식료품 배달 서비스를 신청할 때, 3일치 메뉴만 미리 계획하고 필요한 것을 주문합니다. 남은 4일은 '지난주에는 일본 가정식을 많이 먹었으니, 이번 주에는 양식을 먹자'라는 식으로 방향만 정하고, 여러 가지 요리에 활용할 수 있는 무난한 식재료를 선택합니다.

식재료가 배달되는 날 아침까지 남은 재료를 모두 먹어치워서 냉장고를 비워놓는 것도 중요합니다. 냉장고를 비우고 나면 기분까지 개운해진답니다.

월요일은 달걀말이

도시락용이나 반찬용으로 자주 만드는 달걀말이는 달걀 3개면 충분합니다. 맛국물을 직접 만드는 대신 71쪽에서 소개한 시판 조미료를 물에 희석해 간단하게 만듭니다.

수요일은 감자샐러드

달걀 2개를 삶아 감자와 으깬 다음, 마요네즈를 넣어 감칠맛을 더해줍니다. 여기에 당근을 잘게 채 썰어서 넣으면 우리 식구 입맛에 딱 맞는 감자샐러드가 완성되지요.

금요일은 달걀장국

불에 금방 익는 달걀 요리는 시간에 쫓길 때 선택하면 좋습니다. 달걀을 풀어서 장국에 넣은 다음, 익기 시작할 때쯤 크게 원을 그리며 휘저어주면 달걀 1개로도 풍성한 맛의 달걀장국을 만들 수 있습니다.

쟁여놓는 소스도 최소한으로

소금과 후추, 올리브오일만 뿌려도 맛있지만 조금 색다른 맛을 즐기고 싶을 때 집에 있는 평범한 양념을 활용해서 다채로운 맛의 변주를 노려보곤 합니다.

가령 프렌치드레싱에 간장을 몇 방울 떨어뜨리면 일본식 풍미가 나는 새로운 소스로 재탄생되니 양념을 몇 가지씩이나 모으지 않아도 되죠. 갖고 있는 양념을 조합해서 사용하면 관리하는 수고도 줄고, 맛도 취향대로 만들 수 있습니다.

마요네즈나 케첩도 미리 쟁여놓지 않고 필요할 때 사는 것을 추천합니다. 갑자기 사용해야 하는 경우에는 직접 만들어 먹거나(의외로 간단합니다!) 다른 것으로 대체할 수 있으니 큰 문제가 되지 않아요.

또 일본에서는 일반적으로 매운맛 조미료인 야쿠미(薬味)를 두고 쓰지만 우리 집에서는 찾을 수 없습니다. 요리에 많이 사용하는 생강은 생(生)으로 쓰고, 생선회를 먹을 때 필요한 고추냉이는 생선회를 사면 딸려오는 서비스 팩을 이용합니다.

상비해두는 재료가 적으면 냉장고 수납이 깔끔해집니다. 부엌도 넓게 쓸 수 있으니 무슨 작업이든 순조롭게 진행할 수 있답니다.

마요네즈

넉넉한 크기의 계량컵에 재료를 넣고, 핸드블렌더로 잘 섞어주면 끝. 달걀 1개로 한 컵을 만들 수 있어서 감자샐러드 등을 만들 때 종종 이용합니다.

프렌치드레싱

올리브오일과 식초를 1대 1.5 비율로 섞어줍니다(간장과 설탕을 추가해 일본식 풍미를 더합니다). 수제 마요네즈를 넣어 시저샐러드 드레싱으로 마무리.

케첩

치킨라이스나 햄버그스테이크 소스 대신 토마토퓌레를 사용합니다. 1회 분량으로 나누어 냉동시켜두고 필요할 때마다 꺼내 씁니다.

고추냉이

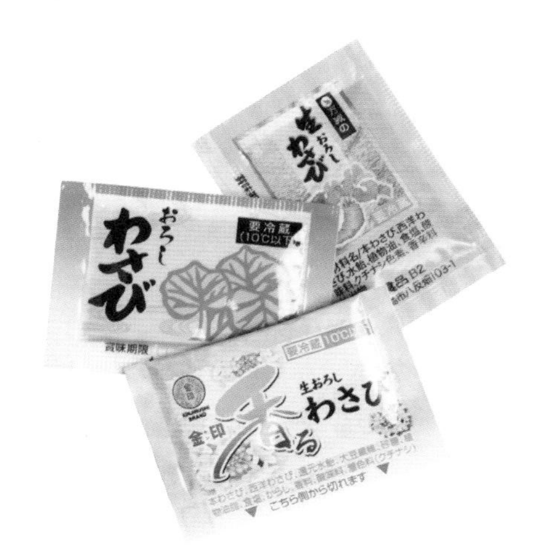

고추냉이가 필요한 음식은 생선회와 초밥 정도죠. 따로 구입하지 말고 생선회와 초밥을 포장 주문하면 넣어주는 고추냉이를 모아놓았다가 이용합니다.

재료 수납이 귀찮다면

살림하는 사람이라면 누구나 한 번쯤 예쁜 용기가 즐비하게 진열된 풍경을 꿈꿔본 적이 있지 않나요?

저도 지금까지 몇 번이나 예쁘게 재료 수납하기에 도전했지만 아무리 노력해도 꾸준히 유지하기가 어려웠습니다. 재료를 쓴 만큼 새로 채우는 일이 너무 귀찮았고 위생면에서도 불안했지요. 게다가 좁디좁은 우리 집에는 용기에 넣고 남은 재료를 따로 보관할 정도의 공간적인 여유도 없었습니다.

지금은 마른 식품이나 조미료의 경우 보존용기에 따로 수납하지 않고 처음 사온 그대로 사용합니다. 대신 마른 식품은 하얀색 상자에 한데 모으고, 조미료는 구입할 때 검은색 뚜껑이 달린 제품으로 통일했습니다. 액상조미료도 투명 유리병과 금색 뚜껑의 용기에 담긴 제품으로 통일했죠.

제 취향에 꼭 맞는 디자인의 제품을 찾아내 서툰 재료 수납에서 해방되었고, 귀찮음과 불안감과도 이별했습니다. 항상 말끔하게 부엌을 유지하는 것도 성공했고요.

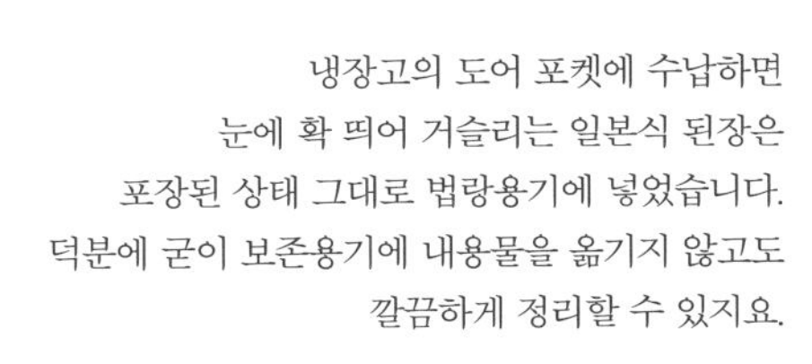

냉장고의 도어 포켓에 수납하면
눈에 확 띄어 거슬리는 일본식 된장은
포장된 상태 그대로 법랑용기에 넣었습니다.
덕분에 굳이 보존용기에 내용물을 옮기지 않고도
깔끔하게 정리할 수 있지요.

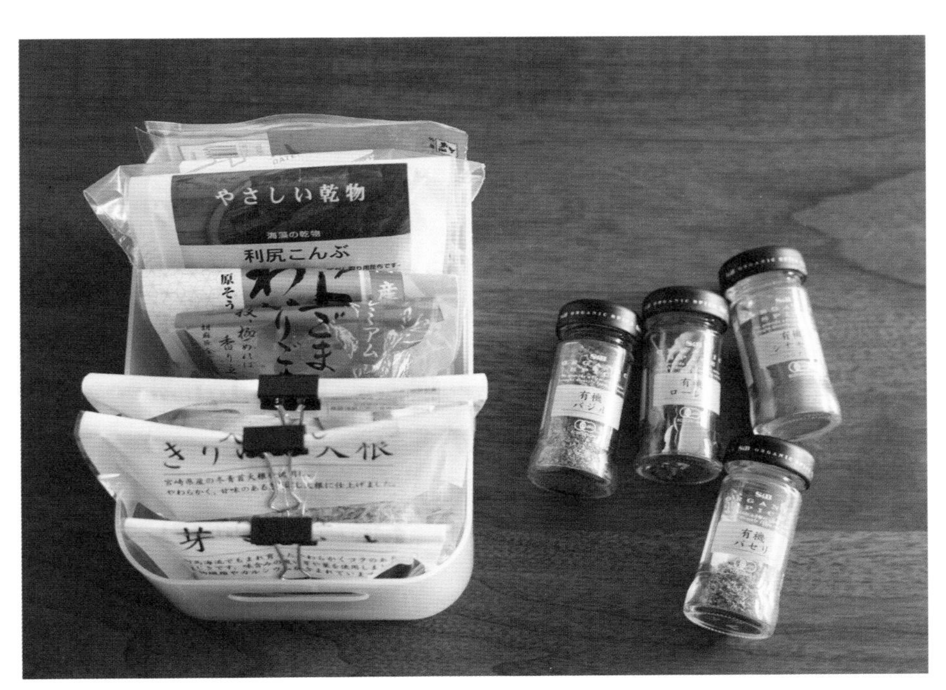

싱크대 수납

냄비나 식기 등 식사 준비에 필요한 도구는 싱크대에 정리합니다. 저와 남편은 키가 커서 높은 곳이 사용하기 편리합니다. 그래서 자주 사용하지 않는 물건일수록 낮은 곳에 수납했습니다.

차 도구 세트

식당과 가까운 곳에 컵과 차를 두었습니다. 이 위치에 보관하면 테이블에 바로 내놓기도 편리하고, 손님을 기다리게 하지 않아도 되어서 좋아요. 찻잔은 따로 구입하지 않고 손잡이가 없는 컵을 겸용으로 쓰고 있습니다.

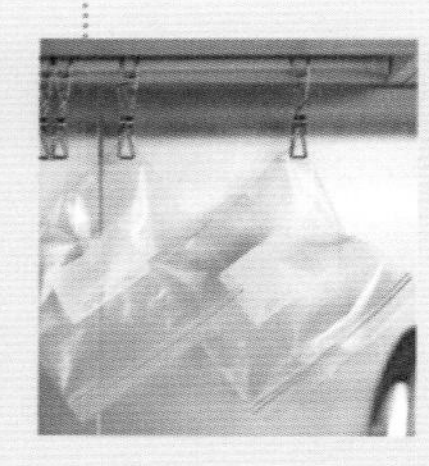

지퍼백 건조 공간

레일 조명을 끼워야 할 곳에 받침봉을 설치하고, 고리를 걸어 지퍼백을 건조하는 공간으로 사용하고 있습니다.

냄비, 소금 · 후추

냄비는 가스레인지 아래가 제자리입니다. 싱크대에서는 멀지만 바로 뒤쪽의 정수기에서 요리용 물을 받을 수 있어서 불편하지 않습니다. 소금과 후추는 사용하기 쉽도록 가스레인지 바로 앞에 두었습니다.

뒤집개, 국자

가스레인지에서 가장 가까운 서랍에는 뒤집개나 국자 등 요리를 하면서 자주 찾게 되는 도구를 수납합니다.

식기 · 보존용기

그릇장을 따로 마련하지 않고, 싱크대 상단을 식기 수납장으로 사용하고 있습니다. 손이 잘 닿는 세 번째와 네 번째 칸에는 자주 사용하는 것을 넣고, 두 번째 칸에는 큰 접시 등을 넣었습니다. 종류가 다른 그릇끼리는 겹쳐 놓지 않았고, 간단하게 그릇을 넣고 뺄 수 있도록 정리했습니다.

아침 식기는 왼쪽에 정리

빵 접시나 머그컵 등 아침 식사용 식기는 싱크대의 왼쪽에 정리합니다. 싱크대 한쪽 문만 열어도 바로 꺼낼 수 있게 단정하게 준비해놓습니다.

첫번째 칸은 보존용기나 제과도구 자리로 정했는데, 하나씩 늘어놓지 않고 꺼내기 쉽게 상자에 넣어 정리했습니다.

프라이팬, 요리책

서랍 안쪽 공간을 파일박스로 구획한 뒤 프라이팬, 냄비뚜껑, 다시백 등을 수납하고 있습니다. 꺼내거나 넣기 쉽고, 무엇이 어디에 있는지 한눈에 알 수 있도록 신경 써서 정리했습니다. 요리할 때 필요한 요리책도 가까이에 두었고요.

공간을 차지하는 핫플레이트 전기레인지나 휴대용 가스버너를 사는 대신 식탁 위에 인덕션 전기레인지를 놓고 사용하고 있습니다. 다 쓴 가스통을 처리하는 등 귀찮은 일이 없어서 좋습니다.

행주 및 사용빈도가 낮은 것

식기세척기 아래 서랍은 이용하기 불편해서 평소에 사용하지 않는 물건들을 중심으로 수납합니다. 서랍을 약간만 빼도 물건을 꺼낼 수 있는 앞쪽 공간에는 행주와 89쪽에서 소개할 칼갈이 막대기를 넣어뒀습니다.

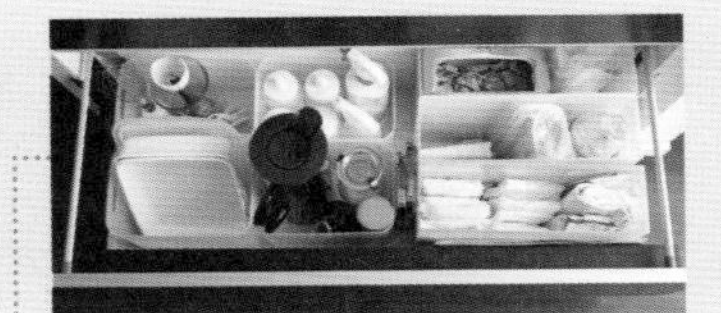

청소용품

세제, 비닐봉지, 걸레 등 청소용품 외에 저그나 블렌더 등 키가 높은 물건을 정리하는 곳. 파일박스를 세워서 넣으면 공간을 분리해서 알뜰하게 사용할 수 있습니다.

깨끗하게 씻은 뒤 말린 지퍼백은 빈 병에 세워서 수납합니다. 새것과 구별하고 용도에 따라 분리해서 사용하고 있습니다.

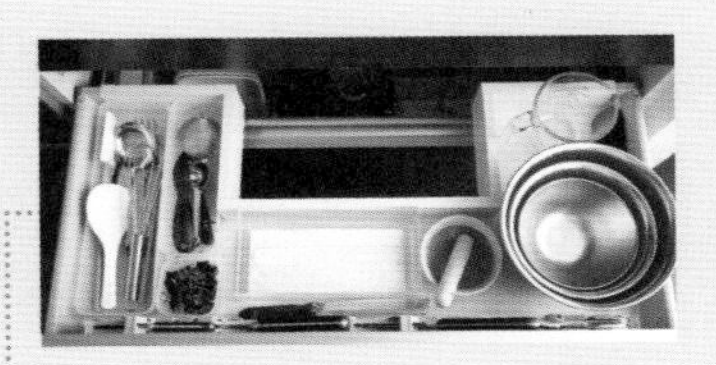

조리도구

칼이나 필러, 볼 등 주로 요리의 밑준비에 사용하는 도구는 이곳에 수납합니다. 유산지는 한손으로도 쉽게 꺼낼 수 있도록 티슈 케이스에 넣었습니다. 더블 클립은 봉지 입구를 묶는 용도로 사용합니다.

요리의 인상이 달라지는 그릇

친정어머니가 사용하던 식기는 로얄 코펜하겐(Royal Copenhagen)의 블루 플루티드 시리즈입니다. 손님이 찾아왔을 때 볼 수 있던 그릇이라 그런지 이 그릇에 음식을 담으면 평소에 먹던 음식도 특별한 요리로 보입니다.

그래서 저도 식기는 로얄 코펜하겐과 리처드 지노리(Richard Ginori)를 애용합니다. 제가 만드는 요리는 생선이나 고기를 그릴로 굽는 등 간단한 것이 많아서 아무 장식도 없는 수수한 그릇에 담으면 볼품이 없습니다. 하지만 사진 속의 그릇처럼 독특한 형태나 부조로 화려하게 장식된 그릇에 담아내면 요리의 인상이 달라져서 더 먹음직스럽게 보입니다.

사진 속 접시의 가격은 한 장에 2만 원에서 5만 원 정도. 조금 비싸기는 해도 '요리의 품격을 높인다'라는 점에서 돈이 아깝지 않을 만큼 충분한 가치가 있다고 생각합니다.

그릇들은 크리스마스 세일처럼 좋은 기회가 찾아왔을 때마다 조금씩 모아왔습니다.

이런 고급 그릇은 손님용으로 내놓아도 손색이 없고 굳이 많이 구비하지 않아도 괜찮습니다. 많을 필요가 없으니 수납공간도 절약할 수 있어서 좋습니다.

보존용기도
용량과 용도에 맞춰 구입하기

매일 먹을 반찬을 보존용기에 담을 때 언제나 용기의 위쪽이 남는 것을 보고 뒤늦게 '용기가 너무 큰가?'라고 생각했습니다. 세 식구가 사용하기에도 작은 우리 집 냉장고의 최대 적은 공간 낭비입니다. 그래서 내용물과 용기의 용량을 딱 맞출 생각으로 보존용기를 다시 살펴봤습니다.

항상 남는 용량을 확인해보니 대체로 100*ml* 정도였습니다. 그래서 기존에 쓰던 700*ml* 대신 약간 작은 600*ml*짜리의 보존용기로 교체한 거죠. 보존용기 안쪽에 적힌 MAX 표시 선까지 음식을 꽉 채우면 뚜껑을 덮을 때 넘치기 때문에 평소 양을 가늠해본 뒤 조금 넉넉한 용량을 고르는 것이 좋습니다.

냉동 밥 한 공기용은 200*ml*, 애매하게 남은 반찬용으로는 120*ml*짜리를 준비해 우리 집의 평상시 양에 맞춘 보존용기를 사용하고 있어요. 냉동 밥처럼 데워서 먹어야 하는 음식은 보존용기의 내열 온도도 확인해야 합니다. 140℃ 이상이면 전자레인지에서도 안심하고 사용할 수 있습니다.

왼쪽에 있는 600㎖ 보존용기, 중앙에 있는 200㎖ 보존용기는
인터넷쇼핑몰에서 찾았습니다.
오른쪽은 이유식용으로 사용하던 쭈쭈베이비(chuchubaby)의 소분 팩 120㎖로,
전자레인지 사용도 가능한 제품입니다.

의외로 만능인 계량컵

인기가 많은 계량컵 사이즈는 200*ml*지만 저는 그보다 큰 500*ml* 사이즈 계량컵을 사용합니다. 내열성이 뛰어난 파이렉스(Pyrex)의 제품으로, 쌀이나 조미료 계량은 물론 요리할 때도 제 역할을 톡톡히 해내는 만능 계량컵입니다.
달걀을 풀거나 양념장을 만들 때는 믹싱볼로 사용합니다. 깊이가 적당해서 블렌더로 마요네즈를 만들 때도 요긴하게 쓰입니다. 전자레인지 사용이 가능한 제품이라 초무침에 쓸 양념처럼 식초에 설탕을 빨리 녹여야 할 때 같은 상황에도 도움이 되지요. 또한 냄비와 달리 보관 장소를 크게 차지하지 않습니다. 육수가 필요할 때 물에 재료를 넣은 뒤 냉장고 안에서 우려내도 전혀 거슬리지 않지요. 유리 재질이라서 냄새가 스며들지 않는다는 것도 장점입니다. 작은 집 살림을 꾸리면서 사이즈에 민감한 저도 이것만은 예외를 둡니다. 일본 속담 중 "대는 소를 겸한다(큰 것은 작은 것 대신 쓸 수 있다)"를 실천하며 만족스럽게 사용하고 있습니다.

파이렉스의 메이저 컵 500*ml*. 안정감이 있어서 재료를 섞을 때 편리합니다. 잡기 쉽게 손잡이가 달린 점도 실용적이지요.

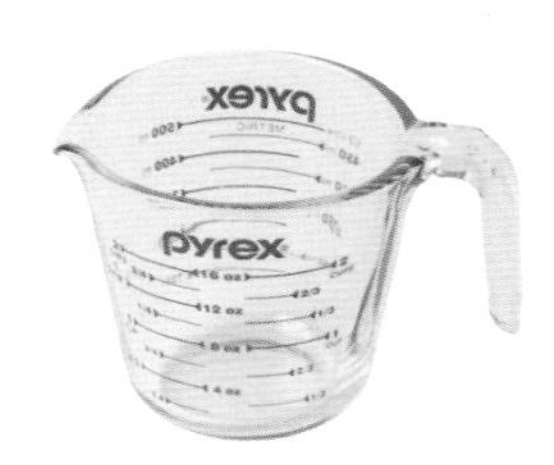

달걀 풀기

설탕 녹이기

육수 만들기

야무지게 부엌도구 정리하기

독일 생활의 영향으로 도구는 합리적인 디자인을 선호합니다. 수납할 때 공간 낭비가 없어야 한다는 점도 제품 선택의 조건 중 하나입니다.

손잡이를 분리할 수 있다

착탈식 손잡이 덕분에 수납할 때 분리할 수 있으므로 프라이팬을 겹쳐서 정리할 수 있습니다.

인제니오 네오 IH 스테인리스 3세트 / **테팔(Tefal)**

포개는 방식으로 깔끔하게

냄비는 포개기 수납이 가능한 것을 구비합니다. 불투명한 스테인리스의 매력이 돋보이는 샤프한 디자인도 마음에 쏙 드는 제품입니다.

크리스텔(CRISTEL) L 깊은 냄비 / **체리테라스(cherryterrace)**

겹쳐서 수납하기

소리 야나기(柳宗理)의 볼은 16*cm*, 19*cm*, 23*cm* 사이즈 제품을 애용합니다. 포개놓으면 그릇 하나 정도의 공간만으로 3개를 모두 수납할 수 있습니다. 저는 지문이 묻지 않는 불투명한 제품을 선택했습니다.

소리 야나기 볼 / **디자인숍(designshop)**

접이식 손잡이

공간을 차지하지 않도록 손잡이가 납작하게 접히는 것이 특징인 제품입니다. 수납공간을 효율적으로 사용할 수 있을 뿐 아니라 손잡이가 걸리지 않아서 넣고 빼기도 쉽습니다.

스테빌(STABIL) / **이케아(IKEA)**

냄비 속에 쏙

요철이나 이음새가 없는 깔끔한 디자인이라서 관리하기 쉽습니다. 냄비와 아귀를 맞추어서 냄비 안에 쏙 넣을 수 있지요.

스팀 플레이트 / 휘슬러(Fissler)

납작한 디자인

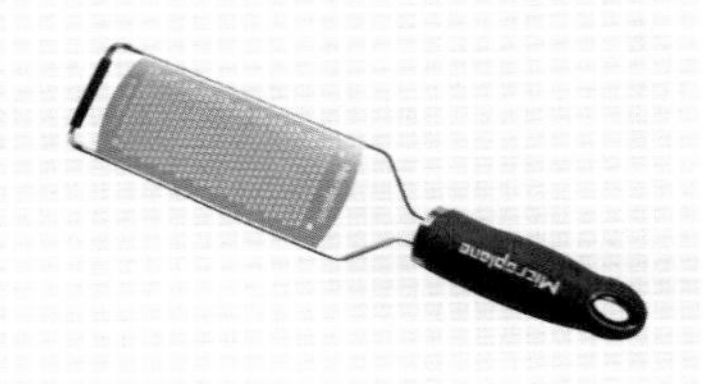

받침대가 없는 심플한 강판. 얇고 슬림하기 때문에 수납장소에 구애받지 않습니다.

마이크로플레인 재패니즈스타일 그레이터 / 이케쇼(池商)

폭이 좁고 콤팩트한 디자인

T자형 필러와 비교하면 좁은 디자인으로, 다른 도구와 섞여도 거슬리지 않는 점이 특징이자 장점입니다. 잡기 쉬운 디자인도 매력적입니다. 지금은 기능이 조금 달라진 새로운 모델이 출시되었습니다.

보담

슬림한 막대 모양

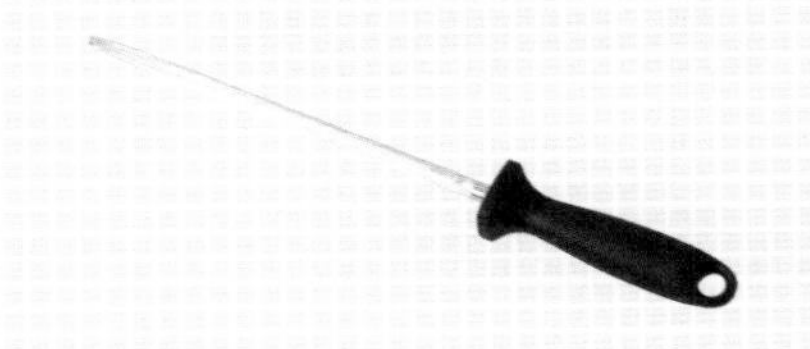

틈새에 수납할 수 있는 막대 모양의 칼갈이. 15년이나 사용했지만 여전히 날이 예리할 만큼 튼튼한 소재로 만들어진 제품입니다.

나이프 샤프너(스틱) / WMF

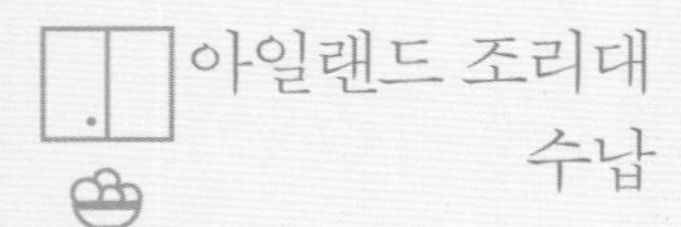

아일랜드 조리대 수납 :

가전제품과 식품 수납 기능을 겸한 아일랜드 조리대. 상판 위에는 최대한 아무것도 두지 않은 상태를 유지하고 식사 준비 공간으로 사용하고 있습니다.

아이용 식기

아이의 손이 닿는 첫 번째 칸에 어린이용 플라스틱 용기를 정리합니다. 커틀러리도 같이 두어서 식사 준비할 때 자기 것을 스스로 챙길 수 있도록 했습니다.

커틀러리, 알루미늄 포일

커틀러리는 아이템별로 나누지 않고, 용도별로 나눕니다. 사용할 때 목적에 맞게 한꺼번에 꺼내는 방식이라 합리적이지요. 왼쪽에는 다과용을, 오른쪽에는 식사용 도구를 정리하고 자투리 공간에는 알루미늄 포일을 넣었습니다.

랩은 전자레인지 옆이 가장 편리

랩은 전자레인지로 음식을 데울 때 자주 사용합니다. 그래서 전자레인지 바로 옆에 두면 사용 전후로 편리합니다.

젓가락, 랩

식사 준비를 아일랜드 조리대에서 하기 때문에 젓가락이나 수저받침은 상판 바로 아래에 두었습니다. 칸막이를 사용해서 종류별로 구분하면 서로 섞이는 것을 막을 수 있습니다.

수납도 사이즈를 맞추어 깔끔하게

서랍과 이너케이스는 모두 무인양품(無印良品) 제품으로 통일했습니다. 어디든지 딱 맞게 넣을 수 있어서 공간 낭비가 적습니다. 게다가 사이즈가 다양해서 수납하는 내용물이 바뀌어도 적합한 제품을 찾을 수 있으니 수월합니다.

❶ 폴리프로필렌 정리 상자 1
❷ 폴리프로필렌 정리 상자 2
❸ 폴리프로필렌 케이스 · 서랍식 · 얇은형

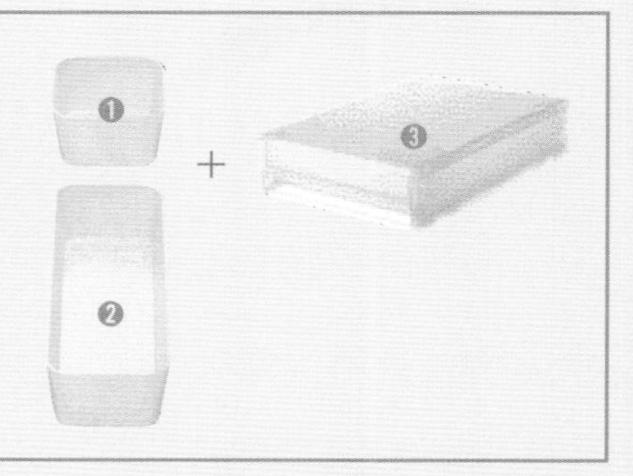

쟁반, 컵받침

아일랜드 조리대 상판의 바로 아래에는 쟁반과 컵받침을 수납합니다. 휙 꺼내서 식사나 차 준비를 금방 끝낼 수 있도록 정리하는 것이 좋습니다. 손이 쉽게 닿는 높이라서 다시 넣을 때도 편리해요.

쓰레기 봉지

아일랜드 조리대 옆구리에 S자 고리를 걸고, 장 볼 때 받은 비닐봉지를 걸어 쓰레기통 대신 사용하고 있습니다. 음식물 쓰레기를 제외한 집 안의 온갖 쓰레기를 이곳에 모읍니다.

쌀

식품 종류는 모두 아일랜드 조리대에 보관합니다. 쌀통도 역시 이곳에 두어서 남편도 찾기 쉽게 정리했습니다. 쌀통은 뚜껑이 달린 무인양품 함석판 상자입니다.

식품 보관

개봉하지 않은 마른 식품이나 통조림, 파스타 등을 상자 하나 분량만 보관해두었습니다. 위에서 봤을 때 알기 쉽도록, 정리 방법을 늘 연구하며 관리하고 있습니다.

비상 식품

비상 식품은 비상 시뿐만 아니라 평소에도 꺼내 먹다가 바닥이 나면 새로 사서 채워 넣는 롤링 스톡* 방식으로 관리해서, 유통기한이 지나 못 먹게 되는 일을 피하고 있습니다. 주로 카레나 수프, 그래놀라 등을 마련해두었습니다.

* 롤링 스톡(Rolling Stock): 비축한 식품을 정기적으로 소비하고, 먹은 만큼 채워 넣는 저장 방식.

로봇청소기

청소의 기점인 부엌에 로봇청소기 자리를 정했습니다. 부엌 콘센트에 꽂아 충전도 할 수 있으니 최적의 장소라고 생각합니다. 조리대의 다리 높이는 로봇청소기의 키에 맞추어 조절했습니다.

시간 절약 아이템,
트레이

시간에 인색한 저는 종종 제 행동 중에 낭비는 없었는지 생각합니다.
물론 식사 준비도 포함되죠. 저는 식기를 옮기면서 부엌과 테이블 사이를 몇 번이나 오가는 것은 매우 소모적인 일이라고 느낍니다. 저녁 식사를 준비한다고 가정하면, 세 식구의 식기를 총 15개로 계산했을 때 양손으로 옮겨도 여덟 번이나 왕복해야 합니다. 뒷정리까지 포함하면 열여섯 번을 왕복하게 되는 셈이지요.
고민 끝에 저는 아일랜드 조리대에 쟁반을 늘어놓고, 쟁반에 식기와 음식을 보기 좋게 담아 한 번에 테이블로 옮기는 방법을 시도했습니다. 쟁반은 사람 수에 맞춰 3개이므로, 세 번만 오가면 끝이니 훨씬 효율적입니다.
이 방법을 활용하면 식사를 한 번에 준비할 수 있고 세 사람이 동시에 식사를 시작할 수 있어서 아이가 먼저 음식에 손을 대는 일도 없습니다. 먹는 도중 음식을 엎질러도 쟁반 안에 쏟아지기 때문에 치우기도 편하고요.
저에게 쟁반은 매일의 시간을 절약할 수 있는 최고의 아이템입니다.

트레이

가볍고 다루기 쉬워서 식사 준비용으로 최적.
물에도 강하고, 국물을 흘리더라도 물들지 않는 제품입니다.

트레이 1005 / 사이토우드(SAITO WOOD)

저장 식품은
상자 하나만큼만

식품도 소모품도 저장용은 최소한으로 둡니다. 바닥나버리면 정말로 곤란한 종류만 남길 수 있도록 신경 쓰고 있습니다. 집이 좁은 것도 이유 중 하나입니다. 어디에 수납할지 고민하거나 유통기한을 신경 쓰는 등 유지 관리에 대한 생각이 머릿속의 한 부분을 차지하는 것이 싫기 때문입니다.

식품은 재해 시 사용할 비상 식품을 포함해 일주일 치를 보관해둡니다. 그 이상은 쟁여두지 않습니다. 무말랭이나 톳, 참치 통조림 등 우리 집 식탁에 빠지지 않고 항상 올라오는 것만 저장합니다. 저장 식품은 함석 상자 하나에 모아서 이것만 열면 재고를 한눈에 파악할 수 있도록 했습니다.

얼마나 저장해야 적절한지는 생활방식에 따라 혹은 사람마다 제각각이겠지요. 핵심은 '아무 생각 없이 저장하지 않는다'라는 생각입니다.

食塩無添加
いなば
素材そのまま
シーチキン
Lフレーク
水煮
55kcal
やさしーる
Dry
イタリアの畑から
あらくつぶしたトマト
ピューレーづけ
果肉感たっぷり
390g
天日干し
きりぼし大根
30g×2袋 84kcal
国内産強力粉
おいしい
強力粉
パン・ピザ・餃子・料理用
日清製粉
北海道の
大豆
金ごま
いりごま
長崎県産
芽ひじき
20g
やさしい乾物
利尻こんぶ
サラダクラブ
ブラックオリーブ
(スライス)
BLACK OLIVE
Spaghettini
NET 500g
DE CECCO

냉장고 수납

한눈에 훑어보았을 때 파악하기 쉬워야 한다는 것이 좋은 냉장고 수납의 제1조건입니다. 우리 집 냉장고 수납에는 꺼내기, 세우기, 늘어놓기 등 온갖 방법이 총동원되었습니다. 그 덕분에 363 *l* 의 작은 용량이지만 식품과 조미료를 알차게 수납할 수 있지요.

프리박스

첫 번째 칸에는 얕은 상자를 나란히 놓고 다양한 용도로 쓰고 있습니다. 왼쪽은 밥에 뿌리는 비빔가루나 조림 반찬 등 비닐 포장된 것을 정리했고, 오른쪽은 손님용 과자 등을 넣었습니다.

미리 만들어둔 반찬

눈높이인 두 번째 칸은 가장 사용하기 편한 골든 존입니다. 밑반찬을 알아보기 쉽게 정리해서 식사 준비할 때 빠뜨리지 않도록 신경 썼습니다.

냄비

아침에 만든 조림이나 밑간을 해둔 생선 등 저녁에 먹을 것은 세 번째 칸에 정리합니다. 냄비 채로 넣을 수 있도록 평소에는 공간을 비워둡니다.

남편 전용 조미료

중국요리는 남편 담당. 중국요리에 빠뜨릴 수 없는 양념인 웨이퍼와 두반장 등은 한 상자에 모아두면 한꺼번에 넣고 뺄 수 있어서 편리합니다.

박스를 사용해 안쪽을 넣고 빼기 편하게

낮고 잘 보이지 않는 네 번째 칸은 상자를 이용해 수납합니다. 상자 채로 넣고 빼는 방법을 사용하면, 안쪽에 있는 물건도 잘 보여서 버리는 물건 없이 골고루 활용할 수 있습니다.

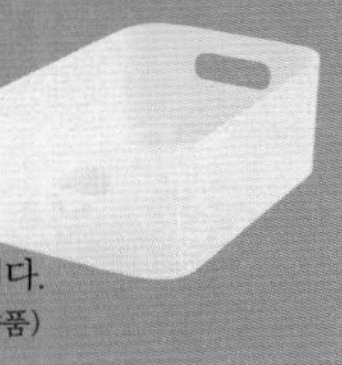

반투명하고 안쪽이 살짝 비치기 때문에 겉으로만 봐도 발견하기 쉽고, 냉장고도 깔끔해지는 제품입니다.
(폴리프로필렌 메이크박스 / 무인양품)

제과 재료

잘 열어보지 않는 저온냉장실에는 가끔 과자를 만들 때 넣을 건조 과일이나 옥수수설탕 등을 수납합니다.

마른 식품

마른 식품은 빠르게 소비하는 식재료라서 봉투 입구를 더블 클립으로 닫기만 했습니다. 부피가 크지 않아서 상자 안에 많은 양을 수납할 수 있습니다.

채소실

위 칸

손이 닿는 위치에 아이 간식을

간식은 아이가 먹고 싶을 때 스스로 꺼낼 수 있도록 낮은 위치에 보관합니다. 냉장고 안에서도 식당에 가까운 쪽에 두어서 동선을 짧게 만들었습니다. 사용하고 남은 채소는 신선도를 유지해주는 스미토모 백라이트(Sumitomo Bakelite)의 지퍼백 'P-플러스'에 넣어서 신선하게 보관합니다.

아래 칸

박스 안에 세워서 포개지지 않도록

플라스틱 박스로 칸을 나누고, 채소를 종류별로 보관합니다. 채소 종류는 계절마다 달라지기 때문에 잎채소와 뿌리채소 정도로 구분하는 것이 좋습니다. 상자 안에 무엇이 있는지 잘 보이도록 세워서 수납하면 깜빡 잊고 사용하지 않는 일을 줄일 수 있습니다.

냉동실

위 칸

남은 밥을 한눈에 알 수 있도록

밥은 냄비로 짓기 때문에 냉동 보관은 필수입니다. 위 칸에 두면 위에서 봤을 때 일목요연해서 상태를 파악하기 쉽고, 밥을 언제 새로 지어야 하는지 가늠할 수 있습니다. 냉동실 안에서도 전자레인지와 가까운 쪽에 두면 꺼낸 후에 조금 더 빨리 해동할 수 있습니다.

아래 칸

파일박스로 구분해서 알아보기 쉽게

파일박스 3개 중에서 2개는 고기와 생선, 나머지 하나는 그 외의 것(자른 유부나 버터 등)을 수납합니다. 세워서 넣으면 깊은 곳까지 공간을 충분히 활용할 수 있고, 자투리 공간도 알차게 채워 넣을 수 있습니다. 왼쪽은 식빵을 놓는 고정 위치입니다.

고기는 두 가지로 분류

고기는 밑준비가 필요한지 아닌지로 나누어 보관하면 시간 절약에 도움이 됩니다. 왼쪽은 손질이나 밑작업이 필요 없는 치킨너겟 등이고, 오른쪽은 밑작업이 필요한 고깃덩어리입니다.

남편도 찾기 쉽게 조미료는 한군데에

조미료 중에는 개봉 후 냉장보관을 해야 하는 것도 있지요. 그렇다면 전부 모아두는 것이 여기저기 따로 정리할 때보다 찾기 쉽다고 생각해서 모든 조미료를 냉장고에 수납했습니다.

도어 포켓에 두면 한눈에 들어오기 때문에 쉽게 찾을 수 있습니다. 한 번에 꺼내서 금방 요리에 쓸 수 있죠. 바로바로 확인할 수 있으니 다 쓴 조미료를 보충할 타이밍을 놓치지 않으려고 여분을 준비해둘 필요도 없습니다. 위 칸에는 된장이나 설탕, 소금 등 기본 조미료, 중간 칸에는 향신료와 허브, 아래 칸에는 액상조미료를 배치했습니다.

기름은 차가우면 굳어버리기 때문에 예외로 가스레인지 아래에 둡니다. 또 요리 중에 사용하는 소금과 후추 역시 즉시 사용할 수 있도록 가스레인지 아래 서랍에 두었습니다.

한군데에 모아서 정리하면 '대체로 이 근처에 있다'라고 생각이 들어 남편도 알기 쉽습니다. 어디에 무엇이 있는지 물어보지 않아도 찾을 수 있어서 서로 스트레스에서 벗어날 수 있습니다.

TOSHIBA
東芝ノンフロン冷凍冷蔵庫
形名：GR-H38SXV(ZW)
SALZ
辣油
三年熟成
北海道根釧地区milk
北海道根釧地区
milk
ミルク

Chapter 3

Living Small

수납

A
なるほどとデザイン
JavaScript 辞典
SQL
HTML
Modern Interiors
合格教本
合格教本
トミカ
小学 国語 辞典
小学 漢字 辞典
動物
植物

공간을 비워두는 일

우리 집에는 수납만을 위해 구입한 가구가 없습니다. 옷은 붙박이장에, 식기는 부엌의 싱크대에 수납하면 되니 서랍장이나 그릇장을 따로 마련할 필요를 느끼지 못합니다. 저에게 집은 하나의 커다란 작업대입니다. 수납 가구가 방 한가운데를 떡하니 차지하고 있으면 작업 공간이 점점 좁아져서 오가기 힘들어집니다. 테이블 위에 물건을 잔뜩 늘어놓는 것도 귀퉁이 공간에서 작업해야 하는 상황과 마찬가지죠.
방에 수납 가구를 들이지 않으면 널찍한 작업 공간을 확보할 수 있어서 어디서든, 무엇이든 할 수 있지요. 언제든지 일을 시작할 수 있고, 끝나면 착착 정리한 뒤 금세 다음 작업을 할 수 있습니다. 저는 무엇인가 하고 싶다고 생각했을 때 의식의 흐름을 방해하지 않고 시작할 수 있도록 공간을 비워두는 것이 중요하다고 생각합니다.

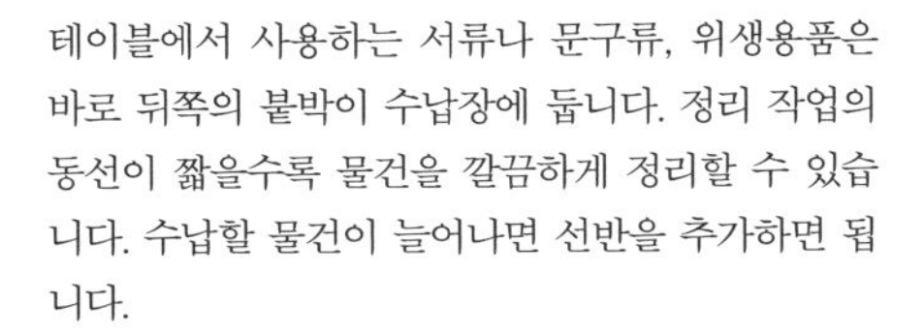

테이블에서 사용하는 서류나 문구류, 위생용품은 바로 뒤쪽의 붙박이 수납장에 둡니다. 정리 작업의 동선이 짧을수록 물건을 깔끔하게 정리할 수 있습니다. 수납할 물건이 늘어나면 선반을 추가하면 됩니다.

티슈도 밖에 두지 않고 수납장에 공간을 확보합니다. 테이블은 언제라도 작업을 시작할 수 있게 항상 깔끔한 상태를 유지합니다.

어지르기 전 필요한 행동 규칙

정리해도 금세 뒤죽박죽으로 섞이는 장난감, 빨랫감들. 정리정돈에 쫓기는 일상은 몸도 마음도 쉴 여유가 없습니다.

그럴 때 도움이 되는 것이 시간 관리 매트릭스입니다. 중요도와 긴급도를 기준으로 매일의 행동을 네 가지로 분류한 것인데, 진짜 해야 하는 일을 뚜렷하게 파악하기 위한 도구라고 할 수 있죠. 흥미로운 것은 제2영역(중요하지만 급하지는 않음)에 해당하는 시간을 늘리면 생활이 풍요로워진다는 점입니다.

이것을 정리정돈에 적용해보면, 장난감이나 빨랫감을 정리하는 것은 제1영역의 '중요하고 급한 일'에 속합니다. 바로 해치우지 않으면 너무 지저분하고, 당장 내일 입을 옷이 없기 때문이지요. 한편 이것들이 말끔하게 정리된 상황을 위해 규칙을 만드는 것은 제2영역의 몫. 급하지도 않고 시간도 걸리지만 한번 해두면 그 후부터는 일사천리로 정리정돈을 할 수 있는, 사실은 매우 중요한 집안일입니다.

	긴급	긴급하지 않음
중요	**제1영역** • 위기와 재해, 사고, 질병 • 마감 직전의 일 • 불만사항 대응 • 자신이 중심이 되어 진행하는 일, 회의 정리	**제2영역** • 인간관계 맺기 • 자기계발 • 준비와 계획 • 적당한 휴식 • 예방 행위
중요하지 않음	**제3영역** • 무의미한 전화나 이메일 대응 • 갑작스러운 방문 • 많은 회의 • 무의미한 접대와 교제 활동 • 많은 보고서	**제4영역** • 시간 보내기 • 필요 이상의 장시간 휴식 • 길게 이어지는 전화 통화 • 잡담 • 그 밖의 무의미한 활동

(출처: 플랭클린 플래너 재팬 Co., Ltd 2010)

수납은
테크닉보다 이론에 주목

학창 시절, 공식에 집착한 나머지 평소에는 막힘없이 정답을 적던 수학 문제를 갑자기 못 풀게 된 적이 있었습니다. 본질을 이해하지 못해서 쉬운 난이도의 응용문제를 풀지 못했던 것이지요.

수납도 이와 비슷하게 테크닉에 사로잡혀 본질을 이해하지 못하면 실패할 확률이 높아진다고 생각합니다.

테크닉이란 '수건은 한 장만 있어도 충분하다', '옷은 세워서 정리한다'처럼 '무엇을 어떻게 할 것인가'의 문제입니다. 한편 본질은 '왜 그렇게 해야 하는가'의 문제로, 이 경우에는 '매일 빨래를 하므로' 수건은 한 장만 있어도 충분하다, '위에서 볼 때 바로 찾기 쉬우니까' 옷은 세워서 정리한다가 됩니다. 빨래를 이틀에 한 번 한다면 수건은 두 장이어도 괜찮다는 이야기입니다.

잡지에서 수납기사를 볼 때 테크닉 뒤에 숨어 있는 본질을 찾고, 자기의 생활에 비추어보세요. 이러한 과정을 통해서 나에게 맞는 수납 방법을 정립할 수 있습니다.

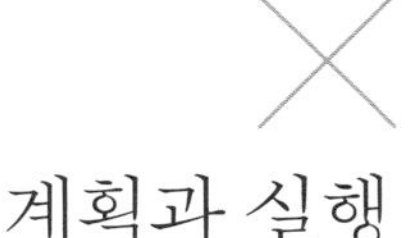

계획과 실행 구분하기

정리정돈이 어렵다는 친구의 고민을 들어준 적이 있습니다. 어떻게 할지 이런저런 방법을 생각하다 보면 일하던 손이 멈춰버린다는 이야기였습니다. '필요한가, 필요하지 않은가?', '어디에 넣지?' 등등 생각하면서 정리하면 시간이 매번 부족할 수밖에 없습니다. 생각하기(계획)와 작업하기(실행)를 분리해야 효율적으로 정리정돈을 할 수 있습니다.

저는 정리정돈을 하기 전에 수납 계획부터 세웁니다. 위에 사진은 식당의 붙박이 수납장을 정리하기 전에 어떻게 공간을 활용할지 시뮬레이션하면서 그려본 배치도입니다. 이것이 바로 계획입니다. 그다음은 가족의 동의를 얻을 차례입니다. 회사에서 상사와 하는 검토회의와 같다고 생각하면 좋습니다. 수납할 내용물을 꼼꼼하게 살피고 계획을 세워 동의를 구하면 일을 두 번 하지 않아도 됩니다.

그 후에는 몸을 움직이는 일만 남았지요. 계획대로만 정리하면 되니 머리 아프게 고민하지 않고도 말끔하게 정리정돈 할 수 있습니다.

박스 안은 엉망진창이어도 OK

빨래 개기가 서툰 남편은 칸막이 등을 이용해 공간을 나누지 않고, 입구가 넓은 박스를 사용하게 했습니다. 휙 하고 넣어두면 되니 귀찮아하지 않고 세탁한 양말을 제법 알아서 정리하곤 합니다.

무엇이든 넣으면 OK
성가신 일에서 벗어나는 방법 중 하나

어디에 두어야 할지 결정하기 어려운 잡동사니는 어수선하게 늘어놓기 쉬워서 자칫 방심했다가는 금세 주변이 복잡해집니다. 그럴 때는 자질구레한 물건들을 한데 모을 바구니를 만들면 공간을 깔끔하게 정리할 수 있습니다. 사진은 남편의 '무엇이든 박스'입니다.

물건의 적정량은 사람마다 다릅니다. 수건 한 장이면 충분한 이유, 본질에 주목해야 합니다.

옷을 세워서 정리하는 방법이 누구에게든 적절할까요? 환경이나 생활습관에 맞춰 생각해야 합니다.

사소한 재검토의 힘

우리 집은 수납할 때 라벨링을 거의 하지 않습니다. 사용하다가 불편하면 바로 위치를 바꾸기 때문입니다.

생소한 분들도 있겠지만, 소프트웨어를 개발할 때 애자일 개발(agile software development)이라는 방법이 있습니다. 처음부터 전체를 설계하지 않고, 작은 요소를 만들어 시험하고 수정을 반복하면서 최종적으로 전체를 완성하는 방법입니다. 도중에 궤도 수정이 가능하기 때문에 목적과 필요에 맞는 결과를 얻을 수 있습니다. 수납도 마찬가지로 신경 쓰이는 부분부터 야금야금 바꾸다 보면 언젠가는 집 전체가 정리됩니다.

물건도 생활도 매일 바뀌는 법이에요. 한 번 정하면 절대 바뀌지 않는 수납보다 변화에 유연한 수납을 제안합니다.

Living Small

수납의 궤도 수정

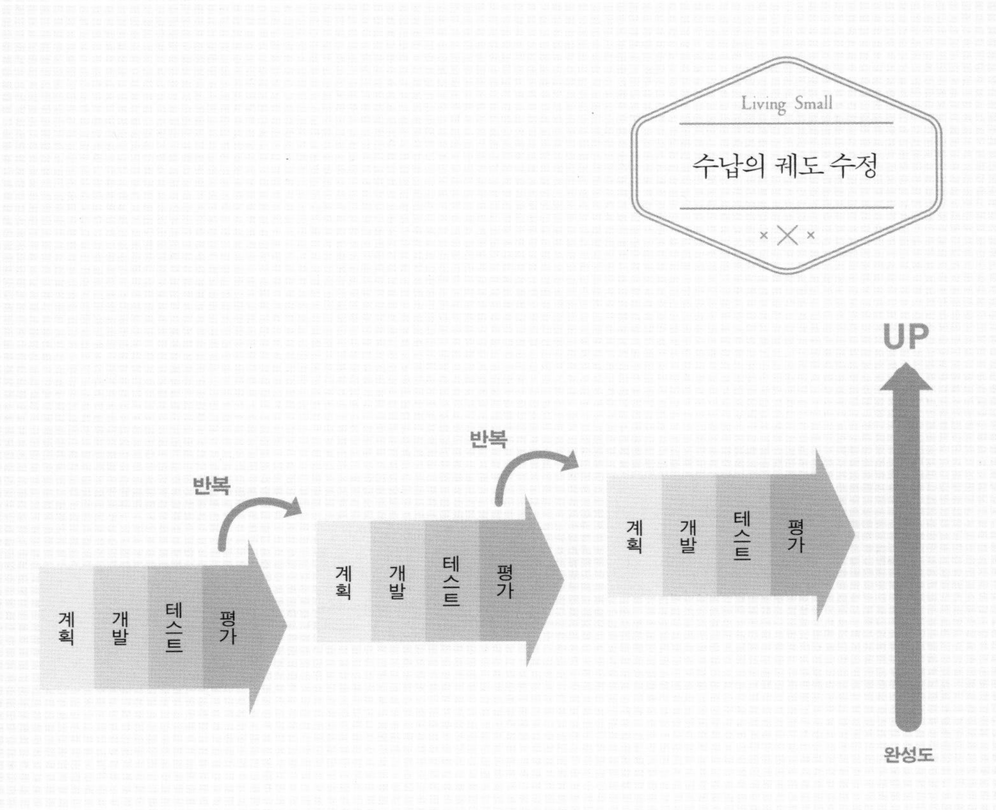

수납용품 수납법

수납용품은 장소마다 갖추어두되, 기분이 좋아지는 디자인에 중점을 두고 마련합니다. 우리 집은 화이트, 그레이, 실버 등 깔끔해 보이는 색 조합의 수납용품을 갖추고 있습니다.

서류함

서류함은 실버 색상의 세련된 부속으로 마무리된 디자인을 선택했습니다. 서류가 마구잡이로 꽂혀 있어도 겉보기에는 깔끔합니다. 모던한 디자인이라 집 안 인테리어와도 잘 어울리고요.

장난감 정리함

리빙 보드 아래 수납장에 둔 하얀색 플라스틱 케이스는 아이의 장난감 정리함. 아무리 컬러풀한 장난감이라도 이 상자 안에 넣어버리면 산만했던 분위기가 정돈되고, 거실에 통째로 꺼내놔도 눈에 거슬리지 않아서 좋습니다.

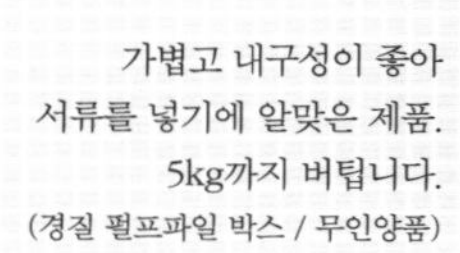

가볍고 내구성이 좋아
서류를 넣기에 알맞은 제품.
5kg까지 버팁니다.
(경질 펄프파일 박스 / 무인양품)

튼튼한 소재라서
장난감을 넣어도 변형이 없고,
아이도 쉽게 들고 옮길 수 있습니다
(바리에라(VERIERA) 박스 /이케아)

식품 저장

식품이나 식재료 등의 수납에는 강도가 높은 함석판 박스를 사용했습니다. 광택이 없는 실버 컬러는 스틸 소재의 조리대와도 잘 어울리고 통일감을 자아냅니다. 쿨한 느낌 덕분에 부엌에 출입하는 남편도 좋아합니다.

손잡이가 달려 있어서
앞으로 끌어당길 수 있기 때문에
무거운 것도 힘들이지 않고
넣거나 뺄 수 있습니다.
(함석판 박스 · 뚜껑식 · 大
/ 무인양품)

가스레인지 서랍장

가스레인지 아래의 깊이가 깊은 서랍장에는 A4 크기의 파일박스가 자로 잰 듯 정확하게 맞습니다. 깨끗한 느낌을 주는 반투명한 케이스를 사용하면 기름류나 요리책 등 복잡해지기 쉬운 물건도 깔끔하게 정리할 수 있습니다.

무거운 것을 세워도
쓰러지지 않는 튼튼한 소재.
(폴리프로필렌 파일박스 ·
스탠다드타입 · A4용 / 무인양품)

Living

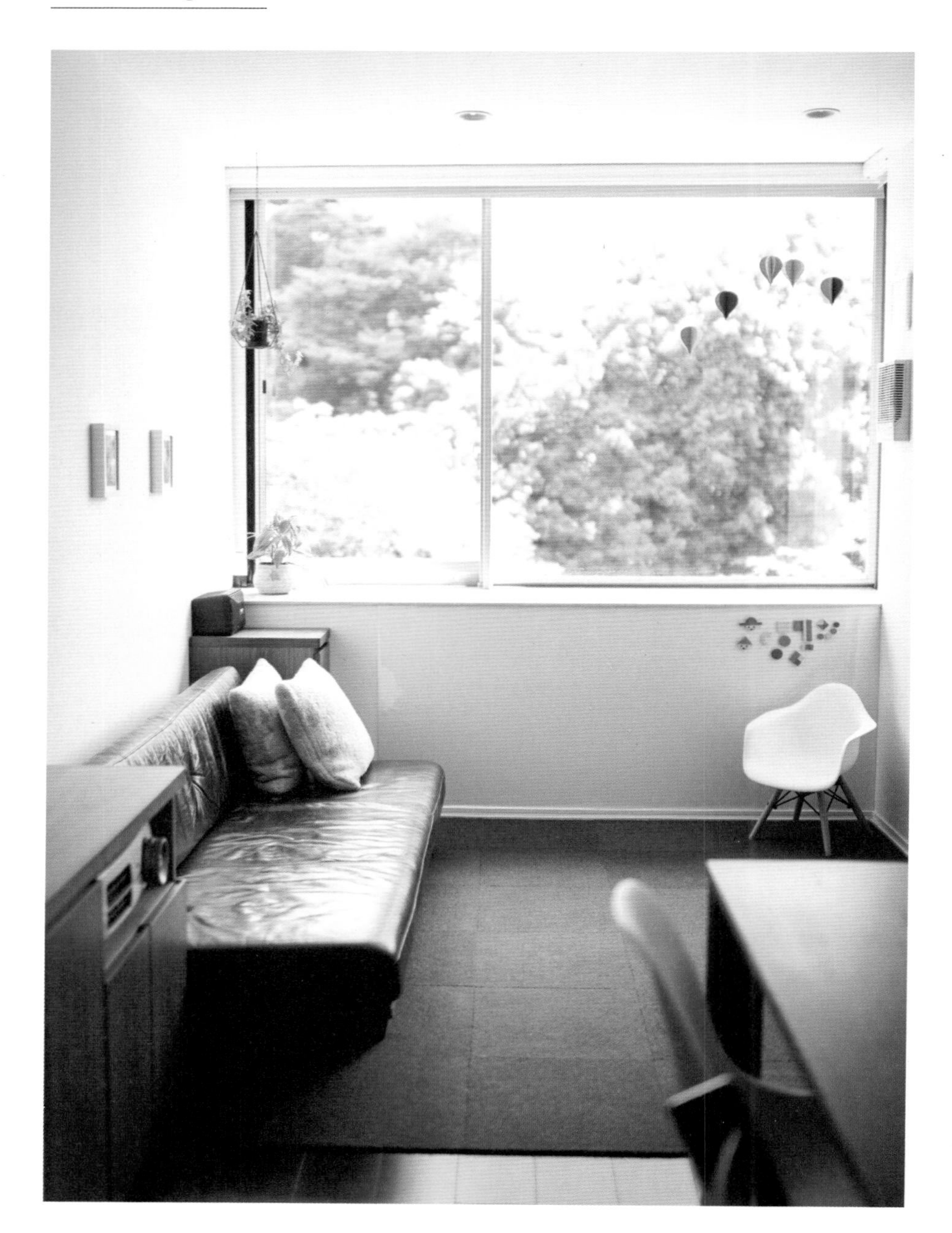

거실 수납

장난감 수납 겸 책상으로 리빙 보드와 수납장을 사용하고 있습니다. AV기기나 컴퓨터용품도 수납장에 넣어 리빙 보드 윗면은 늘 깔끔하게 유지합니다.

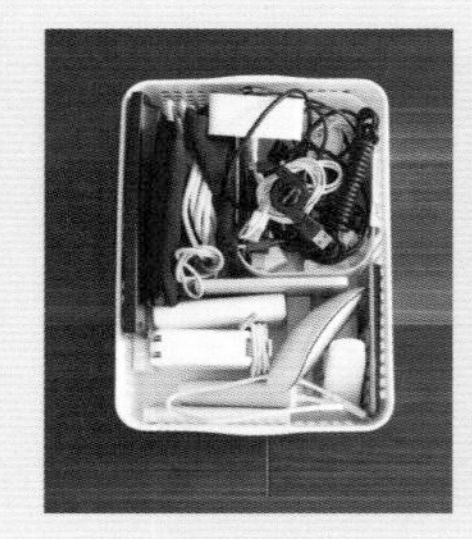

Ⓐ 컴퓨터용품

리빙 보드는 남편의 책상이 되기도 합니다. 서랍 대신 바구니를 사용하기로 하고 마우스와 어댑터 등 컴퓨터 관련 용품을 넣었습니다.

Ⓑ 남편의 사무용품 등

높이가 있는 서랍장 안은 파일박스를 이용해 공간을 나눈 뒤 내용물을 세워서 수납했습니다. 업무 서류나 헤드폰 등을 넣었습니다.

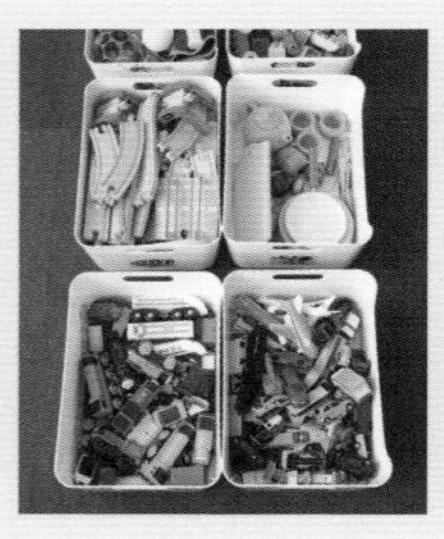

Ⓒ 장난감

부엌에서 일하면서도 눈으로 살필 수 있는 곳에 장난감 정리 공간을 마련했습니다. 아이 품에 들어갈 크기의 상자에 레고와 나무 블록, 목제 레일 등을 종류별로 수납했습니다.

Ⓓ 리모컨

오른쪽 끝에는 프로젝터 등 AV기기를 두었습니다. 선반을 한 칸 비워서 리모컨 둘 곳도 마련했습니다. 제 위치를 정해놓고 사용 후 즉시 돌려놓으면 여기저기 찾으러 돌아다니지 않아도 됩니다.

E 아이 작품

아이가 만든 종이 기차 자리도 마련해주었습니다. 문을 닫으면 깔끔해서 흡족하고, 문을 열 때마다 아이가 즐거워하는 모습을 보면 보람을 느낍니다.

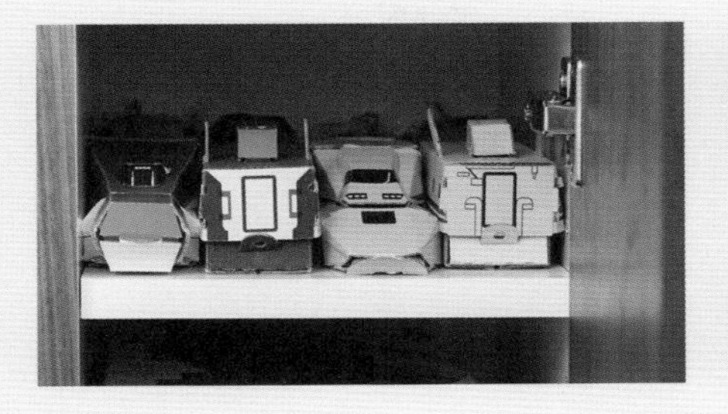

F 퍼즐

부피가 큰 퍼즐은 상자에서 꺼내서 지퍼가 달린 파일 케이스에 옮겨 담습니다. 주머니에는 상자에 그려진 완성도를 잘라 넣고 퍼즐과 함께 보관합니다.

식당 수납

식당 테이블에서는 문구류나 색칠 도구 등으로 여러 작업을 합니다. 그래서 바로 뒤에 있는 붙박이 수납장에 물품을 정리했습니다.

Ⓐ 서류, 편지지 세트
가장 위 칸은 보험증서 등 평소에는 별로 보지 않는 것을 넣습니다. 서류별로 인덱스를 붙여 바로 꺼내볼 수 있도록 했어요. 봉투나 편지지는 파일에 한데 모았습니다.

Ⓑ 문구류, 위생용품 등
사용 빈도가 낮은 카메라용품이나 문구류 등을 정리하는 공간. 아이 손이 닿지 않는 위치라서 비상약 등도 여기에 보관합니다. 얇은 케이스를 이용해서 물건이 포개지지 않도록 했습니다.

Ⓒ 정리해야 할 서류
어린이집에서 온 우편물, 영수증, 택배 송장 등 정리해야 할 서류를 모아서 보관합니다. 파일박스 3개를 사용해 개인별로 나누어 수납합니다.

Ⓓ 아이 책
아이의 손이 닿는 아래쪽 두 칸에는 그림책과 도감을 꽂았습니다. 깊은 곳에 억지로 구겨 넣지 않도록 책 뒤쪽에 버팀목을 설치해두었습니다.

E 그림 색칠책, 교재

장난감과 구분해서 정리하고 싶은 그림 색칠책이나 교재 등을 보관합니다. 테이블에서 가깝기 때문에 아이가 스스로 꺼내고 넣을 수 있습니다.

F 잡지

가장 아래 칸은 사용하려면 몸을 쭈그려야 해서 파일박스에 물건을 정리한 후 사용할 때마다 통째로 꺼내서 사용하는 방식으로 정리했습니다. 잡지나 카탈로그 등 오래오래 간직하고 싶은 것만 추려서 이곳에 보관하고 있습니다.

지저분한 것을 제일 눈에 띄는 곳에

자주 날아오는 어린이집 우편물이나 카드 명세서 등은 나중에 자세히 살펴보려고 아무렇게나 테이블에 올려두기 마련이지요. 이런 소소한 우편물들이 쌓이기 시작하면 순식간에 테이블 위가 지저분해지기 때문에 바로 뒤쪽 붙박이 수납장에 넣어버리기로 했습니다.

장소는 수납장 중 가장 사용하기 편한 골든 존. 골든 존은 시선 높이인 네 번째 칸으로, 문을 열면 눈에 바로 들어오기 때문에 자주 확인할 수 있습니다.

식구 수에 맞추어 우편물 파일박스를 3개 준비한 뒤 각자 것은 각자가 관리하면 남편 몫의 우편물에서 해방되어서 편합니다. 파일박스 앞쪽의 빈 공간은 갑작스러운 손님 방문 시 잡동사니의 임시 피난처가 되기도 합니다.

'어지르기 쉬운 물건일수록 가장 사용하기 편한 장소에 두는 방법으로 정리하기.'

사실 이 방법은 제가 얼마나 바쁜지를 파악할 수 있는 바로미터입니다. 매일 보이는 것이 지저분해지면 바로 티가 나기 때문에 금방 알아챌 수 있습니다. 그럴 때마다 저는 생활을 되돌아보는 시간을 갖곤 합니다.

A

30초로 완성되는 말끔함

컴퓨터와 충전기 코드는
꺼내서 사용하다 보면 금세 복잡해집니다.
하나로 모아 묶어야 깔끔합니다.

갑자기 손님이 찾아왔는데 청소할 시간이 없을 때는 먼저 쿠션을 정리하는 것이 좋습니다. 구겨진 쿠션은 생활감이 드러나서 깔끔하지 않다는 인상을 줍니다.
쿠션 정리를 하려면 우선 쿠션 하나를 양손 사이에 끼우듯이 들고 2~3회 강하게 두드려 봉긋하게 볼륨감을 살린 다음, 귀퉁이를 빳빳하게 잡아당겨 형태를 만듭니다. 그러고는 항상 쿠션을 놓는 장소에 나란히 놓아두기만 해도 왠지 잘 정리된 분위기가 연출됩니다. 시간은 단 30초만 투자하면 되는데도 효과는 완벽히 보장된 마법 같은 정리법이지요.
그 밖에는 의자를 테이블 안에 딱 맞게 넣어 정리하거나, 기울어진 케이스를 똑바로 세우거나, 엉켜 있는 코드를 풀고 가지런히 묶어서 정리하는 등의 방법이 있습니다.
처음부터 다시 청소하기는 무리일 때, 흐트러져 있는 물건들만 정돈해도 정갈한 방을 완성할 수 있습니다.

두 번 정리하지 않는다, 귀가 후 5분 정리 동선

집에 돌아오자마자 거실로 직행하면 밖에서 들고 온 물건으로 사방이 복작복작해집니다. 이때 5분만 움직여 물건과 옷을 정리하면 항상 깔끔하게 집 안을 유지할 수 있습니다.

1 > 현관

우편물과 광고물을 쇼핑백에

불필요한 우편물이나 광고물은 개봉한 뒤 내용물을 바로 종이 쓰레기용 쇼핑백에 넣습니다. 다 차면 교체할 여분의 쇼핑백도 옆에 준비해놓습니다.

2 > 현관

받는 이 주소를 문서세단기에

신발장에 준비해둔 문서세단기로 봉투에 적힌 집 주소나 택배에 붙어 있는 송장을 분쇄합니다. 필요한 것만 집 안에 갖고 들어갑니다.

3 > 현관

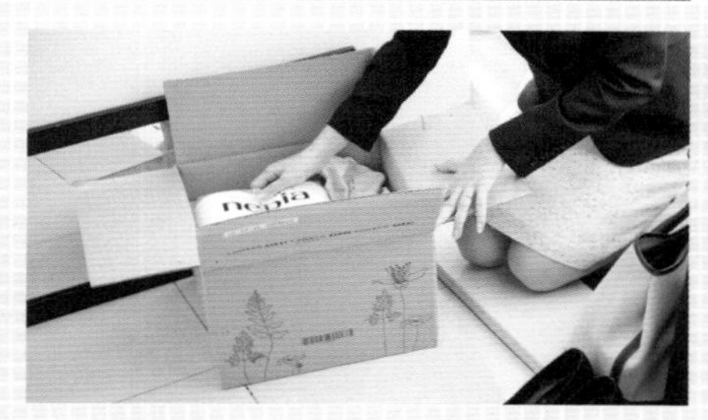

택배 상자 개봉

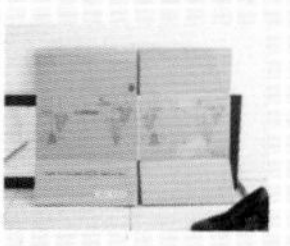

집으로 배달된 택배 상자를 개봉한 뒤 내용물은 현관 안쪽으로 올려둡니다. 택배 상자는 바로 버릴 수 있도록 잘 접어서 벽에 세워둡니다.

4 > 세탁실

어린이집 등원복을 세탁기에

출퇴근 가방과 어린이집에서 가져온 옷가지를 들고 세면실 쪽으로 이동합니다. 더러워진 옷을 세탁기에 넣고, 아이가 옷 갈아입는 것을 도와줍니다.

5 > 옷장

출퇴근 가방을 제자리에

옷장 쪽으로 이동해서 출근 가방을 내려놓습니다. 손수건은 세탁기에 넣고, 화장품 파우치는 내용물을 꺼내 제자리에 돌려놓습니다.

6 > 옷장

아이 옷 옷장에 걸기

그 상태로 한 바퀴 빙 돌아서 뒤쪽 옷장에 아이 옷을 겁니다. 그동안 아이는 세면대에서 손을 닦고 입을 헹굽니다.

7 > 옷장

내 옷을 옷장에 걸기

아이 옷장의 바로 위쪽인 제 옷장에 재킷을 벗어 겁니다. 하의는 편한 옷으로 갈아입습니다.

8 > 현관

쇼핑한 것과 물건을 픽업

현관으로 돌아가, 신발을 정리한 뒤 그날 쇼핑한 것과 택배를 부엌으로 옮깁니다. 중간에 테이블 위에 올려두거나 하지 않고 부엌까지 바로 옮깁니다.

9 > 부엌

식품과 물건을 수납

식품과 배달된 물건을 냉장고와 수납공간에 정리합니다. 아무리 급해도 적당한 곳에 대충 넣지 않고 정해진 위치에 수납합니다.

10 > 부엌

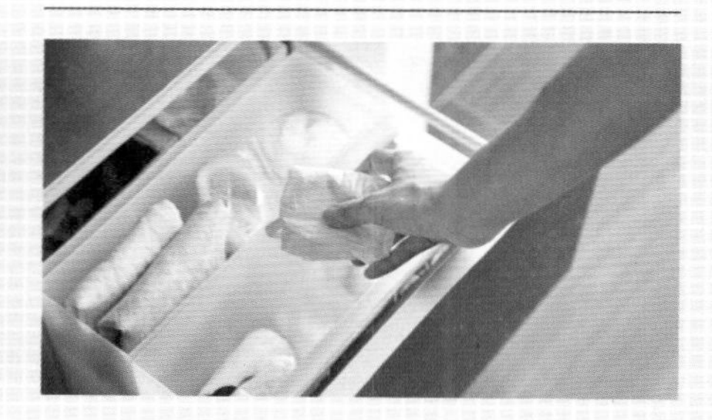

쓰고 난 봉투 수납

쇼핑할 때 받은 비닐봉지를 잘 접어서 싱크대 아래쪽 파일박스에 차곡차곡 정리합니다. 쓰레기통 대신 사용하기 때문에 제자리에 잘 넣어두는 것이 좋습니다.

11 > 식당

어린이집 알림장 사진 찍기

식품 수납을 끝낸 후 식당으로 이동합니다. 어린이집에서 보내온 알림장 등 필요한 정보를 어디에서든 확인할 수 있도록 휴대전화로 촬영해둡니다.

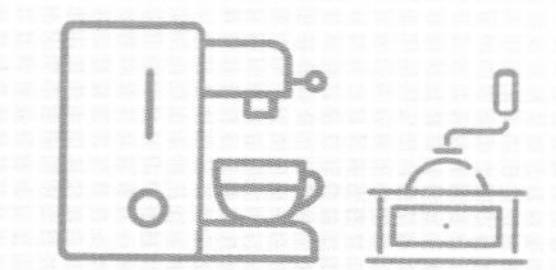

Washroom

세면실 수납

세면도구나 화장품은 세면실에 정리합니다. 아침 집안일을 할 때 옆쪽 욕실에 널어둔 빨래를 걷으면서 동시에 화장을 합니다. 목욕용품도 이곳에 정리합니다.

Ⓒ 화장품

콤팩트나 매니큐어는 아크릴 케이스에 넣어서 넘어지거나 떨어지지 않게 정리합니다. 내용물이 투명하게 보이기 때문에 찾을 때 헤매지 않아도 되니 시간 절약에 도움이 됩니다.

Ⓐ 남편 공간

개인별로 공간을 구분하면 간섭할 필요 없이 관리를 맡길 수 있습니다. 면도용품이나 스킨케어용품을 정리해둡니다.

Ⓑ 화장품 파우치 등

화장품 파우치는 집에 돌아오자마자 내용물을 모두 꺼내 제자리에 돌려놓고, 나갈 때마다 필요한 것을 다시 넣어서 외출합니다. 오른쪽은 배스솔트와 아로마오일.

Ⓓ 신발 세탁 세트, 세제

아이 신발이나 더러워진 것을 빨 때 사용하는 산소계 표백제와 토호(東邦)의 우타마로 비누(ウタマロ石けん), 신발 브러시를 한곳에 정리합니다. 애벌빨래는 세면볼에서 가볍게 합니다.

Ⓔ 쓰레기 봉지 등

쓰레기통 대신 사용할 비닐봉지는 늘 채워둡니다. 쓰레기가 나올 때마다 티슈로 집어서 부엌의 쓰레기 봉지로 가져와 한 곳에 버립니다.

Ⓕ 샴푸류

욕실에서 사용하는 샴푸류는 매일 서랍에서 꺼내서 쓰고, 물기가 다 마르면 제자리에 돌려둡니다. 병 표면이 미끈거리는 것을 방지할 수 있습니다.

Ⓖ 세면볼, 기저귀

세면대 앞에 섰을 때 사용하기 불편한 아래쪽 서랍에는 물건을 꽉 채우지 않도록 합니다. 애벌빨래용 세면볼과 기저귀를 넣어두었습니다.

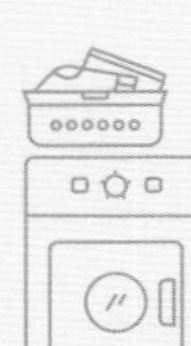

세탁실 수납

속옷은 세탁기 건너편에 수납합니다. 빨래를 바로 옆 욕실에서 말리기 때문에 빨기 → 널기 → 마무리까지 한 공간에서 끝낼 수 있습니다. 세탁물이 자리를 차지하거나 헝클어지는 일도 없습니다.

Ⓐ 세탁기 비품, 화분

세탁기 위 선반의 제일 꼭대기 칸은 사용이 불편하기 때문에 상자 안에 물건을 정리한 뒤 상자 채로 넣고 꺼내는 방법으로 정리합니다. 이곳에는 세탁기 비품을 넣어놓고 필요할 때 손만 뻗으면 바로 꺼낼 수 있게 했습니다. 왼쪽에는 안 쓰는 화분을 올려두었습니다.

Ⓑ 세탁 관련 물품

공간이 분리된 스탠드를 이용해 칸마다 빨래걸이를 하나씩 세워서 수납합니다. 이렇게 정리하면 서로 엉키지 않아서 쉽게 뺄 수 있습니다.

Ⓒ 세제 등

세제나 샴푸, 화장품 등을 함께 보관합니다. 키가 큰 파일 박스를 사용하면 꼭대기 칸에 올려두어도 손이 닿을 수 있습니다.

Ⓓ 헌 수건

아이가 먹다가 흘렸을 때나 오줌을 쌌을 때 사용하는 헌 수건. 이런 물건이야말로 수납장소를 정해놓지 않으면 공간을 지저분하게 만드는 원인이 됩니다.

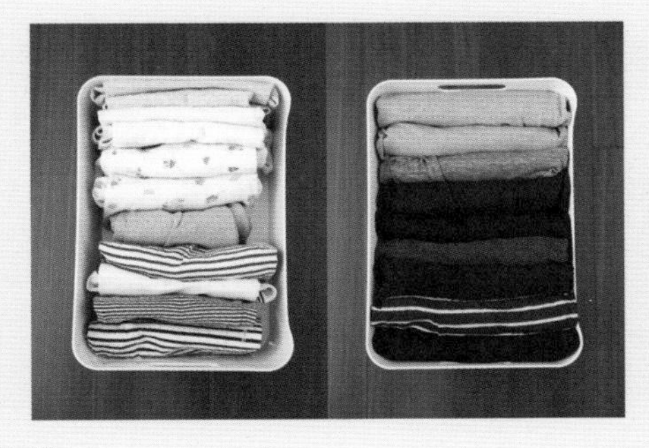

Ⓔ 속옷

세면실에 속옷 놓을 자리를 마련해두면 세탁과 수납을 한 번에 해결할 수 있어서 좋습니다. 목욕 후에 새 속옷을 입기도 편하고요. 위에서부터 나, 남편, 아이 속옷을 정리했습니다.

Ⓕ 빨래 바구니

왼쪽은 남편용, 오른쪽은 나와 아이용입니다. 빨래는 각자 하기 때문에 처음부터 분리해놓으면 세탁기에 넣기만 하면 되니 수고를 덜 수 있습니다.

세탁실 가까이 속옷 수납을

우리는 맞벌이 부부라서 자기 빨래는 자기가 해결하고, 아이 빨래는 일찍 퇴근한 사람이 하는 규칙을 세웠습니다. 남편이 편하게 정리할 수 있도록 샤워할 때마다 새로 꺼내 입어야 하는 속옷을 세탁실에 수납하기로 했습니다.
수납장소가 빨래건조기 맞은편이어서 빨래가 다 마르면 개지 않고 뒤돌아 상자에 넣기만 하면 끝입니다. 굳이 옷장까지 갈 필요가 없고, 옷을 정리하기 위해 서랍장 사이를 돌아다닐 필요도 없습니다. 모든 일이 한 공간 안에서 끝나기 때문에 1초도 헛되이 움직이지 않고 정리를 마칠 수 있지요. 게다가 겉으로 볼 때는 마구잡이로 포개진 옷들이 보이지 않으니, 손도 덜 가고 깔끔하기도 한 일석이조의 방법입니다.
물론 샤워하기 전에 옷장에서 새 속옷을 꺼내어 갖고 들어갈 필요도 없습니다. 좋은 점뿐이지요.

속옷 수납

골든 존이 남편 자리, 내용물이 잘 보이는 아래 칸이 아이 바구니입니다.
남편은 상자 하나에 아이템 하나를 넣는 방식으로 정리하기 때문에
제일 많은 바구니를 사용합니다.

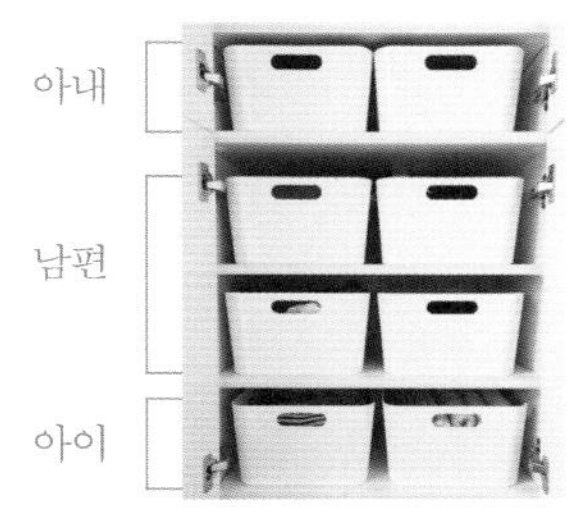

다리미판 대신
세면대로

저는 집안일 중에서 특히 다림질이 서툽니다. 그래서 직접 다림질하기보다 아예 일주일에 1회 정도 세탁 서비스를 이용합니다. 기회비용을 고려해봤을 때 세탁소를 이용하는 편이 제겐 오히려 득입니다.
다림질을 집에서 하지 않기에 셔츠는 되도록 다림질이 필요 없는 제품을 구입하고, 니트도 세탁과 정리를 할 때 좀 더 신경 써서 걸어둡니다. 다만 손수건은 예외입니다. 빳빳하게 다린 손수건을 사용하면 기분이 좋아지고 손수건 정도는 혼자 다릴 수 있기에, 다림질 빈도에 맞춰 일곱 장 정도를 사용합니다.
손수건을 다리는 데에는 넓은 공간이 필요하지 않아서 거창한 스탠드식 다림판을 구비하지 않아도 됩니다. 콤팩트하게 수납할 수 있는 평평한 형태를 골라, 사용할 때마다 세면대에 올려두고 직접 다림질을 합니다. 적당한 높이로 편하게 다릴 수 있어서 만족하고 있습니다.

다리미판 수납

세탁기와 벽 사이 공간에 다림판을 두고
바로 위쪽 수납장에 다리미를 놓아서,
언제든지 다릴 수 있도록 준비해두었습니다.

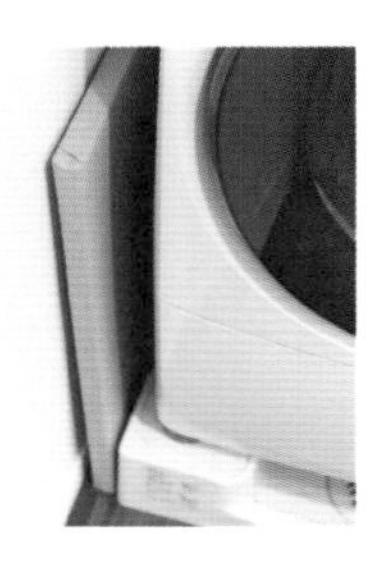

Entrance

현관 수납

:

반 평 정도의 붙박이 신발장은 신발 외에도 우산이나 청소도구 등 다양한 물건을 수납할 수 있어서 집 안의 생활감을 지우는 데 큰 도움이 됩니다.

Ⓐ 모자, 우산

밖에서 쓰는 모자는 옷장보다 현관에 정리하는 것이 깔끔합니다. 봉을 설치하고 S자 고리를 걸어서 모자와 우산을 수납하는 장소로 이용하고 있습니다.

Ⓑ 동전 케이스 등

남편의 옷 주머니에서 나오는 잔돈은 모아 두는 곳을 정해놓으면 아무렇게나 굴러다니는 것을 막을 수 있습니다. 간단한 쇼핑을 하러 나갈 때 가져가기도 편리하고요.

Ⓒ 공구, 신발 관리용품

집과 가구 관리에 사용하는 공구와 부품, 가전 비품을 수납합니다. 오른손잡이가 사용하기 편하도록 오른쪽 끝에 자주 사용하는 신발 관리용품을 보관했습니다.

Ⓓ 가족의 신발

아래쪽부터 남편, 아이, 제 신발을 정리했습니다. 남편이 귀찮아하지 않도록 넣고 빼기 편한 아래쪽을 남편 신발 자리로 정했습니다. 아이 신발은 제가 정리하는 일이 많기 때문에 제 신발과 아래위로 줄지어 정리해뒀습니다. 신발의 높이에 맞추어 선반 높이를 조정해서 공간을 효율적으로 활용했습니다.

Ⓔ 청소도구

스퀴지, 미니 빗자루 등 청소도구는 반투명한 파일박스에 넣어서 문을 열었을 때 깔끔한 느낌이 들도록 신경 썼습니다.

Ⓕ 자전거 충전기

자전거는 우리 식구의 발이 되어주는 중요한 이동수단. 자전거 충전기를 현관에 두고 자주 충전합니다. 충전기를 깔끔하게 수납하고 코드도 거슬리지 않게 손잡이 구멍이 뚫려 있는 상자를 이용했습니다.

Ⓖ 종이 쓰레기 처리

종이 쓰레기를 넣는 쇼핑백과 주소를 없애는 문서세단기. 우편물 등은 집에 돌아오자마자 바로 정리합니다.

복도 수납

현관 옆 복도에는 방재용품이나 재활용품 등 밖으로 갖고 나가는 물건을 수납했습니다. 가재도구 수납공간으로도 이용하고 있는데, 오래된 문서나 추억의 물건도 이곳에 보관하고 있습니다.

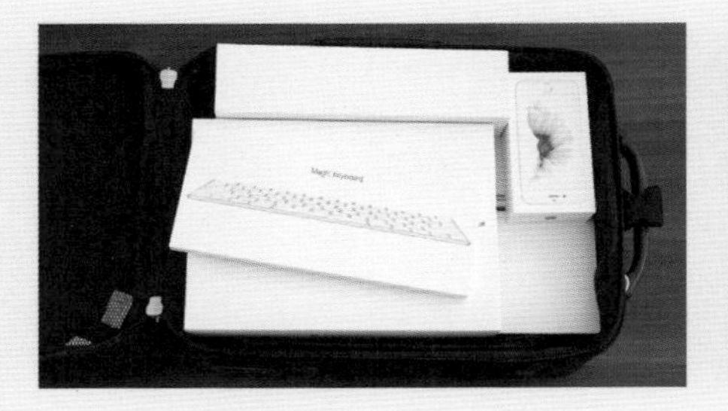

Ⓐ 남편의 여행가방

컴퓨터 주변기기가 들어 있던 상자를 보관해뒀습니다. 평소에 사용하지 않는 상자를 수납하기에 적당합니다.

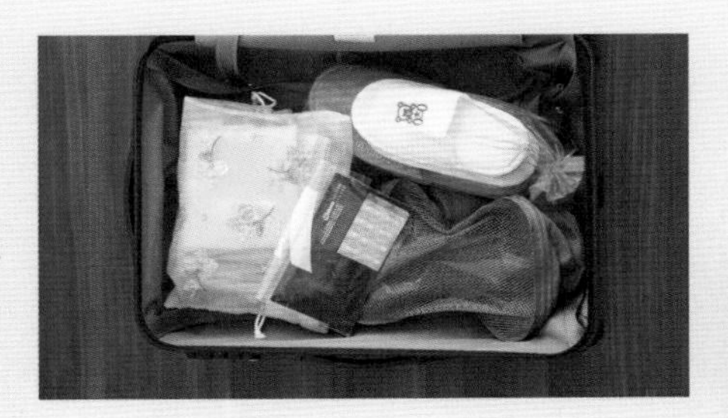

Ⓑ 아내의 여행가방

여행이나 출장을 갈 때 사용하는 분류용 케이스나 위생용품, 슬리퍼를 여행가방에 넣은 채로 보관합니다. 떠날 때는 일정에 맞추어 옷가지만 넣으면 준비를 순식간에 끝낼 수 있습니다.

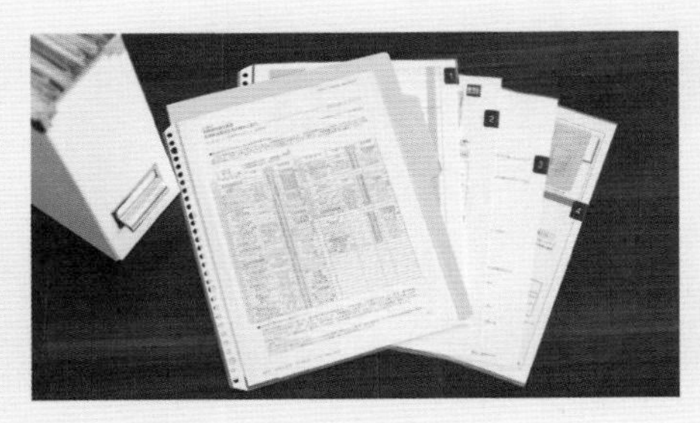

Ⓒ 주택설비 등의 취급설명서

보관해야 할 서류를 제품별로 파일에 넣어서 넘버링을 하고, 맨 앞에 일람표를 만들었어요. 부동산회사의 양식을 봐두었다가 따라했습니다.

Ⓓ 방재 도구

슈트케이스를 이용해서 방재용품을 수납했습니다. 배낭에는 1차 피난 때 사용할 물건, 이케아 쇼핑백에는 2차 피난 때 필요한 물건을 준비해두었습니다.

Ⓔ 다른 사람에게 줄 물건 등

사이즈가 맞지 않는 신발이나 다 읽은 책 등은 현관 근처에 두어서 외출할 때 잊지 않고 갖고 나갈 수 있도록 했습니다.

Ⓕ 추억의 물건

아이의 작품이나 남편의 앨범 등 추억의 물건을 이곳에 보관했습니다. 위에서부터 아이, 남편, 부부 물건으로, 남겨두는 것은 3박스 분량만.

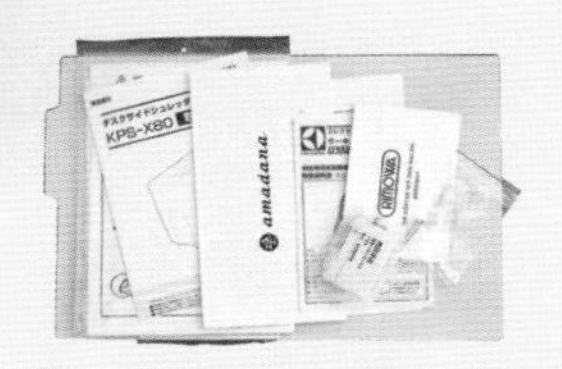

일람표+넘버링으로 찾기 쉽게

Christian
Louboutin
Paris
rgio rossi
BOTTEGA VENETA
PELLICO
TIFFANY & CO.
HERMÈS

실용적이진 않지만
소중한 것들이 있다

왼쪽 사진 속 작은 에르메스 상자에는 대학생 때 아버지가 선물해주신 벨트가 들어 있었습니다. 작은 민트색 주머니에는 남편이 선물해준 목걸이가, 빨간 신발주머니에는 미국에서 일할 때 산 하이힐이 들어 있었죠.

사실 저는 물건을 잘 버리지 못하는 편입니다. 특히 추억이 담긴 물건은 떠나보내기 어려워하지요. 필요한 것을 선택할 때는 '사용한다, 사용하지 않는다'라는 합리적 기준과 '좋아한다, 좋아하지 않는다'라는 감정적 기준 모두를 고려해야 한다고 합니다. 저에게 위와 같은 추억의 물건들은 '사용하지 않지만 좋아하는 것'에 해당합니다.

물건이 들어 있던 주머니나 상자를 따로 모아두면 깨끗한 상태로 간직할 수 있고 콤팩트하게 수납할 수도 있습니다. 추억의 물건들을 꺼내 보거나 어루만지면 당시의 기억이 생생하게 되살아나서 마음이 따스해집니다. 실용적이진 않지만, 그와 비교할 수 없는 정서적 위안을 준다고 생각합니다. 마음의 영양제로서 꼭 필요한 것들이지요.

외출 소지품은 현관 옆에

도서관에서 빌린 책, 다른 사람에게 줄 선물, 어린이집에 제출할 물건 등 일시적으로 보관하는 물건은 수납장소를 마련하기 곤란합니다. 그래서 보통은 적당한 장소에 대충 방치하게 되어 실내가 지저분해지지요.

외출할 때 갖고 나갈 물건을 집 안 깊숙이 들이지 않고 현관 옆에 두면 집을 항상 깔끔하게 유지할 수 있습니다. 저희는 현관과 거실을 잇는 복도의 장식 선반을 임시 보관장소로 사용하고 있습니다. 지나다닐 때마다 눈에 들어오기 때문에 책 같은 경우에도 반납 날짜를 잊지 않고 외출할 때 챙길 수 있습니다. 반납일이 다가오면 '빨리 읽자'라는 기분도 들고요.

평소에는 장식 선반에 물건을 올려두지 않아 '물건이 있다=급한 일이 있다'라고 머리가 반응하고, 의식이 자연스럽게 그쪽으로 향하게 됩니다.

임시 보관

아이의 신발이나 옷을 쇼핑백에 정리해서 복도에 수납해두었다가
친구가 방문하면 건네줍니다.
밖에 갖고 나갈 물건을 미리 챙겨 넣어두지요.

LIVING × SMALL × TIP

아이가 있어도 가능한 심플 인테리어

가구는 장식이 없는 깔끔한 원목 테이블이나 진짜 가죽 소파를 골라 오래오래 아끼며 사용하는 것을 선호합니다. 아이가 더렵혀도 원 상태로 되돌릴 수 있어서 커버를 씌우지 않고 질감을 충분히 만끽하며 사용하고 있어요.
사람들은 아이를 키우는 집은 컬러풀한 물건이 많아서 어른스러운 인테리어를 즐길 수 없다고 하지만, 저는 아이가 있어도 가능하다고 생각합니다. 분위기에 맞는 아이템을 찾아내는 것이 저의 즐거움 중 하나지요. 가령 아이가 그림을 그릴 때 사용하는 테이블은 안정된 느낌의 월넛 컬러, 의자는 임스 체어(Eames Chair)의 심플하고 하얀 레플리카 제품을 골랐고, 벽에는 집 안의 다른 물건과도 잘 어우러져 감각적인 느낌을 주는 세계지도를 걸었습니다.

접이식 월넛 테이블은 심즈(simms) 제품.

어린 아이가 있는 어느 집은 방에 아무 물건도 두지 않아 차갑고 살벌한 풍경한 분위기를 자아내기도 합니다. 그럴 때는 아이의 손이 닿지 않는 높이의 벽면과 천정에 주목합니다. 색이 예쁜 모빌이나 화분을 행잉 프레임으로 걸어서 장식 효과를 내는 방법을 추천하고 싶습니다. '아이가 있어서 인테리어를 하려 해도 할 수가 없는 상황이야'라고 포기하지 않고, 아이가 어릴 때만 누릴 수 있는 인테리어를 찾아보면 어떨까요? 어른도 만족할 물건은 찾아보면 의외로 꽤 많답니다.

1. 도쿄 아사쿠사의 에도야(江戸屋)라는 가게에서 발견한 전통 종이로 만든 잉어 모빌.
2. 철제 행잉 프레임 제품은 근처 꽃집에서 발견한 것.
3. 플래스터의 플래니터리 비전(Planetary Visions) 포스터.

Chapter 4

Living Small

매일 다를 필요가 있을까

프릴로 장식된 블라우스,
주름이 풍성한 스커트, 애니멀 프린트 스커트 등
장식이 화려한 아이템을 매치하면
기본 디자인의 옷도
화려하게 연출할 수 있어요.

언젠가 새빨간 코트가 갖고 싶어서 어머니에게 의견을 물어본 적이 있습니다. 그때 하신 "화려한 색은 눈에 잘 띄니까 일주일에 며칠씩 입을 수 없잖니"라는 어머니의 말씀이 아직도 기억납니다.
지금 제 옷장에는 옷은 블랙, 네이비, 베이지, 화이트 등 평범한 색상의 옷만 걸려 있습니다. 하지만 그렇기 때문에 몇 번씩 입어도 질리지 않고, 적은 수의 옷으로도 이리저리 돌려 입을 수 있어요. 그래도 일주일 내내 입으면 옷의 조합에도 한계가 있어서 매일 비슷한 옷차림이 되긴 합니다. 하지만 한편으로는 그것이 제 스타일이라고 생각해 개의치 않고 지냅니다.
20대에는 욕심내서 옷을 많이 샀는데 결국 입는 옷은 일부밖에 되지 않았습니다. 서른여덟인 지금은 기본적인 아이템 위주로 입고 전체의 20% 정도만 다르게 포인트를 주는 방법으로 나름대로 세련되게 연출하고 있습니다.

기본에 충실하기

옷을 고를 때 중요하게 생각하는 것은 청결감과 신뢰성입니다.
빈틈없는 느낌의 딱 떨어지는 재킷에 여성적인 느낌의 트위드 스커트를 매치해서 저만의 패션을 완성합니다.
가방과 구두는 미래에 대한 투자라고 생각하므로 과감하게 고급한 제품을 선택합니다.

기본을 갖춘다, 나만의 심플 아이템

옷은 공식적인 자리에도, 격식을 갖추지 않아도 되는 상황에도 두루 잘 어울리는 심플한 디자인을 고릅니다. 같은 아이템이어도 변화를 주는 방법을 터득하면 가짓수가 중요하지 않다는 사실을 알게 되지요.

트위드 재킷

캐주얼하게도 입을 수 있는 유나이티드 애로우즈(UNITED ARROWS)의 노카라 재킷. 앞 솔기의 술 장식이 부드러운 인상을 연출하는데 한몫을 합니다.

ON

타이트한 검은색 스커트를 입는다면 상의에 프릴 있는 블라우스를 매치해 여성스러운 느낌을 더합니다.

OFF

안에 심플한 네이비색 니트를 받쳐 입어 캐주얼한 느낌을 완성합니다. 신발도 네이비색을 골라서 세로 라인을 강조하는 것도 좋은 조합입니다.

트윈 니트

겹쳐서 입을 수 있고, 걸쳐 입기 적당하고, 단독으로도 입을 수 있는 등 다양한 활용이 돋보이는 아이템. 171쪽에도 소개되는 존 스메들리(John Smedley)의 다른 색깔 제품입니다.

ON

앞 버튼을 전부 잠그고 입으면 사무실 근무에 어울리는 단정한 느낌을 연출할 수 있습니다. 진주장식 덕분에 화려한 분위기가 나기도 합니다.

OFF

줄무늬 니트를 살짝 보이게 입으면 캐주얼한 분위기로 소화할 수 있습니다.

레이스 스커트

유나이티드 애로우즈의 단색 레이스 스커트는 화려하지 않으면서도 여성스러움을 연출할 수 있는 효자 아이템입니다.

ON

재킷과 클러치백을 매치하면 조금은 딱딱하면서도 단정한 인상으로 비춰집니다. V넥 라인의 상의와 오픈토 슈즈를 선택해서 긴장감을 풀어주면 좋겠지요.

OFF

품이 넉넉한 돌먼슬리브* 디자인의 상의를 입어 편안한 느낌을 연출합니다.

* 돌먼슬리브(dolman sleeve): 진동이 깊고 낙낙하며 소맷부리 쪽으로 가면서 좁아지는 여성복.

외투가
세 벌인 이유

검은색 코트는 신혼여행지였던 이탈리아에서 구입했습니다. 당시 스물아홉 살이었는데, 마흔 살이 넘어서도 입을 수 있을 것 같아서 큰 마음 먹고 캐시미어 소재로 선택했죠. 옷차림에 신경을 쓰고 외출해야 하는 경우 활용합니다. 관혼상제 등 어떤 행사에도 입고 갈 수 있는 만능 아이템이지요.
일본은 계절마다 온도 차가 커서 코트 한 벌로는 모든 계절을 나기 어렵습니다. 그래서 한겨울에 아이와 함께 밖에서 놀기 위한 가벼운 오리털 패딩도 한 벌 마련했습니다. 그 외에 정장으로도 캐주얼하게도 두루두루 입을 수 있는 봄, 가을용 트렌치코트를 갖고 있습니다. 이 세 벌만으로도 충분합니다.

Living Small
외투 세 벌로
모든 상황에 대응

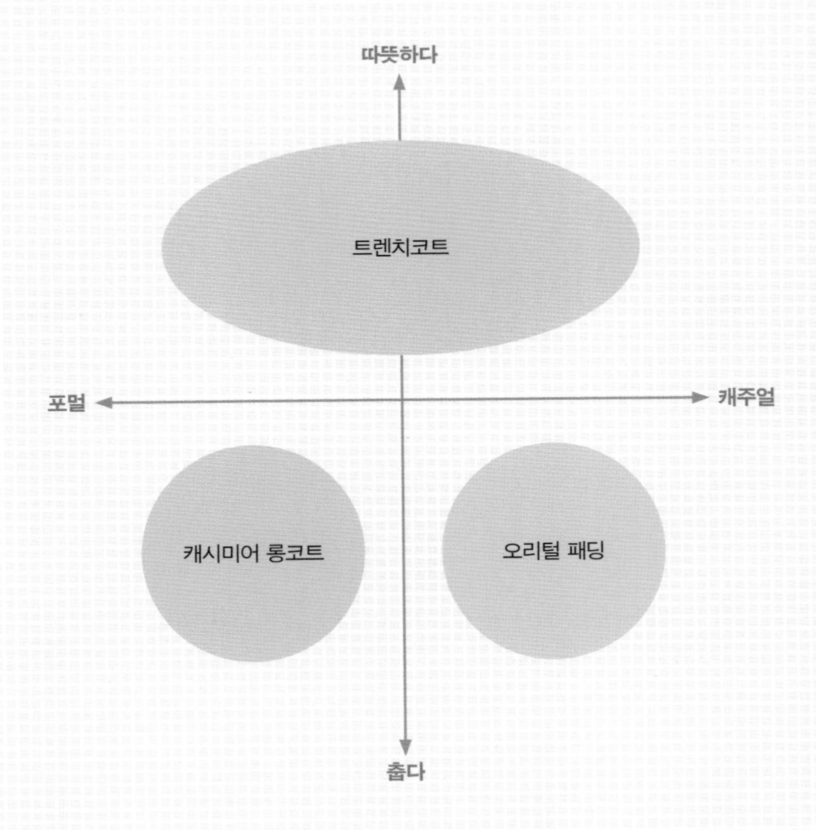
따뜻하다
트렌치코트
포멀
캐주얼
캐시미어 롱코트
오리털 패딩
춥다

이너웨어는 한 철만 입기

이너웨어 세 벌로 한 계절을 나는 것이 저의 원칙입니다. 새로운 계절이 시작될 즈음 여러 가게를 돌며 마음에 드는 소재와 디자인으로 한 번에 구입합니다.

자주 들르는 매장은 무인양품, 유니클로(UNIQLO), 바나나 리퍼블릭(Banana Republic) 등으로 올해는 무인양품에서 면 100% 제품을 골랐습니다. 한 계절 동안 세 벌을 돌려가며 입으면, 나중에는 목 주변이 늘어나거나 보풀이 생기는 등 해지게 됩니다. 다음 해에 꺼내 입을라치면 너절한 옷 상태를 보고 실망해서 결국 새로 사게 되는 일이 잦았죠. 그래서 이제는 다음 계절까지 입을 생각을 아예 하지 않아요. 게다가 안 입는 옷을 보관하는 것은 공간 낭비이기도 하고요.

같은 시기에 구입한 이너웨어는 닳는 정도도 거의 비슷합니다. 한 벌씩 구분해서 정리할 필요도 없고, 한꺼번에 버릴 수 있다는 점도 편리합니다.

이너웨어

계절이 끝날 무렵에는 사용하기 편한 크기로 잘라서
행주나 걸레로 사용합니다.
주말 청소를 할 때 요긴하게 쓰입니다.

니트는
실용성을 고려해서

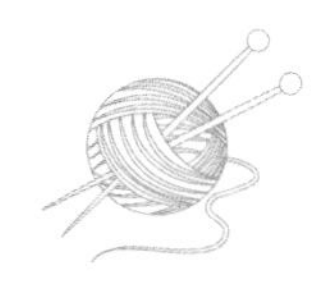

저는 니트 중에선 촘촘하게 짜인 하이 게이지 니트만 입습니다. 성기게 짜인 로우 게이지 니트는 아무리 예뻐도 구입이 꺼려집니다. 자연스럽고 사랑스러운 분위기의 로우 게이지 니트는 주로 출근하지 않는 휴일에만 입게 됩니다. 그럼 출퇴근용으로는 다른 옷을 마련하게 되어 결국 옷 가짓수가 늘어나지요. 이에 따라 수납장소도 더 필요해지니 좁은 우리 집에서는 무리를 해야 합니다.
하이 게이지 니트는 어떻게 입는지에 따라 출퇴근은 물론, 휴일에도 입을 수 있어서 실용성 면에서 높은 점수를 받습니다. 몇 벌만으로도 충분해서, 수납할 때 차지하는 공간이 로우 게이지 니트의 절반 이하지요. 이렇듯 다양한 상황에 맞게 입을 수 있다는 점과 수납의 이점 때문에 하이 게이지 니트를 저는 추천합니다.

카디건

카디건은 필요할 때 잽싸게 입을 수 있도록
버튼을 잠그지 않고 품을 두 번 접어서 정리합니다.
개지 않아도 되니 편리합니다.

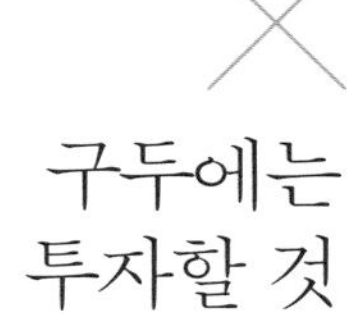

구두에는
투자할 것

호텔맨은 신발을 보고 손님의 수준을 판단한다는 이야기가 있는데요, 비즈니스 현장에서도 구두는 중요한 아이템이라고 생각합니다.
제가 일하는 곳은 캐주얼한 구두를 신을 수 없다는 규정이 있기 때문에, 저는 출퇴근용 신발로 장식이 없는 심플한 디자인의 펌프스를 신습니다. 심플한 디자인일수록 가격에 따라 좋고 나쁨의 차이가 극명하게 드러나서 구두에는 눈을 딱 감고 투자하는 편입니다.
발에 딱 맞는 고급 구두는 다른 사람의 신뢰를 얻을 수 있고, 신고 있는 저도 기분이 좋아지는 물건이죠. 사진 속 세르지오 로시(SERGIO ROSSI)의 펌프스는 저로서는 무척 과감한 쇼핑이었습니다. 튼튼하게 잘 만들어진 이 구두는 굽이 높지만 하루 종일 걸어 다녀도 신기하게 발이 피곤하지 않고, 한 주에 세 번씩 1년 내내 신어도 형태가 망가지지 않습니다. 옷이 더욱 고급스럽게 보이는 효과도 있지요.
저는 펌프스를 베이지, 블랙, 네이비, 총 세 켤레를 갖고 있습니다. 기본 색상을 갖추어 두면 어떤 옷을 입든지 구두를 선택할 때 고민할 필요가 없습니다.

액세서리는 걸칠 만큼만

사진 속 목걸이는 남편에게 받은 선물입니다. 다른 목걸이를 갖고 싶다는 생각도 한 적 있지만, "어째서 2개나 필요해? 목은 하나잖아"라는 남편의 소박한 의문이 납득된 이후부터 목걸이는 더는 사지 않습니다.
액세서리든 무엇이든 마음이 담긴 것 하나만 있으면 충분합니다. 진심으로 만족하면 그 이상은 원하지 않게 돼요. 개수는 문제가 되지 않습니다. 더욱이 심플한 디자인의 액세서리는 어디에도 잘 어울리고 옷에 맞추어 이것저것 바꾸며 착용하지 않아도 되니 참 편리합니다.
물건이 많아지면 생활이 점점 복잡해집니다. 선택하느라 골머리를 앓고, 관리하기 위해 노력을 쏟고, 공간도 더 필요하게 되죠. 하나뿐이라면 그 모든 것이 하나의 몫만 있으면 됩니다. 매우 간단해지죠.

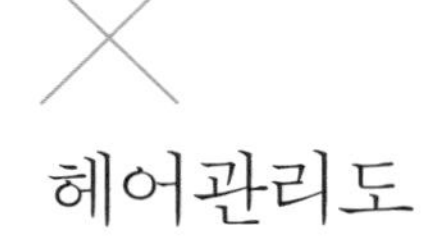

헤어관리도
심플하게

제 머리카락은 곱슬기가 있는 데다가 두껍고 숱도 많아서 헤어에센스, 헤어미스트, 헤어왁스 등 다양한 헤어관리 제품들이 필요했습니다.
하지만 아무리 노력해도 머릿결은 개선되지 않았고 제품들을 일일이 사는 것도 귀찮아져서 조금씩 줄여보기로 했습니다. 마침 그 무렵, 동백기름을 알게 되어 시험 삼아 사용해보았는데 이전보다 머릿결이 부드럽고 가벼워지는 효과를 봤습니다. 머리를 감은 후 동백기름을 바르고 드라이어로 말리기만 해도 건조함이 사라지고 윤기가 흘렀죠. 그래서 이참에 샴푸와 컨디셔너도 자극이 적은 제품으로 바꿨습니다. 머리빗도 정전기가 일어나지 않는 회양목 빗으로 빗기 시작했더니 갈라진 머리칼이 줄어들고 차분하게 정돈되었습니다.
머리 관리하는 법을 간단하게 바꾸니 머리 손질에 들이는 시간은 물론 쇼핑하는 시간과 돈도 줄어들고 수납공간도 필요 없어졌습니다. 머릿결만이 아니라 생활의 부담도 덜어진 거죠.

도쿄농업협동조합의 순수동백기름 시마츠바키(純粋椿油 島椿), 회양목 빗은 인터넷에서 발견했습니다.
뒤쪽은 마츠야마 유지(松山油脂)의 리프앤드보타닉스(LEAF&BOTANICS) 샴푸와 컨디셔너.

그 옷,
이상적인 나라면 구입할까?

위) 30대를 눈앞에 두고 옷 선택으로 고민하던 때 발견한 드레스.
아래) 구두와 숄은 5년 후에 걸친 모습을 상상할 수 있는 물건으로 구입합니다.

저는 물건을 잘 버리지 못합니다. 그래서 애초부터 버리지 않을 것을 염두에 두고 살지 말지 고민하거나, 구입 전에 여러 가지 상황을 충분히 따져봅니다.
옷을 살 때는 먼저 '이 옷이 없으면 절대로 안 되는가?'를 생각합니다. 다른 옷으로 대체할 수 있거나 없어도 괜찮으면 구입하지 않습니다. 다음으로 '지금 당장 필요한가?'라고 스스로 묻고 '나중에 사도 괜찮다'라고 생각되는 물건은 역시 구입하지 않습니다. 쇼핑뿐만 아니라 인생을 살면서 선택의 갈림길에 설 때마다 '이상적인 나'는 어떤 것에 둘러싸여 살고 있을지 상상해봅니다. 그러면 정말로 갖고 싶은 것이 무엇인지 명확해집니다. 마지막으로 내구성을 확인하고 사용 기간에 따라 적절한 가격대의 물건을 선택합니다.
'이상적인 나'가 골랐을 법한 옷을 입으면 처음에는 까치발을 들면서라도 그것에 어울리는 사람이 되도록 행동하거나 노력해야 합니다. 그럴 때는 등 근육이 쭉 늘어난 기분이 들곤 하지요.

Living Small
쇼핑 순서도

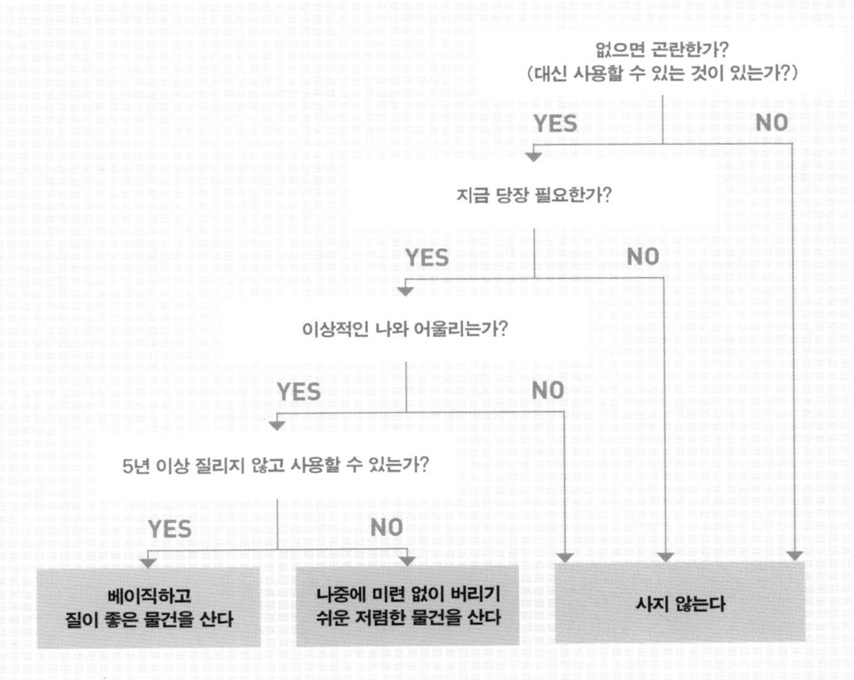
없으면 곤란한가?
(대신 사용할 수 있는 것이 있는가?)
YES
NO
지금 당장 필요한가?
YES
NO
이상적인 나와 어울리는가?
YES
NO
5년 이상 질리지 않고 사용할 수 있는가?
YES
NO
베이직하고
질이 좋은 물건을 산다
나중에 미련 없이 버리기
쉬운 저렴한 물건을 산다
사지 않는다

선호하는 브랜드 수집하기

저는 매일같이 이어지는 집안일처럼 눈앞에 쌓인 숙제를 휙 해치우고 일상을 차분히 마주할 여유를 갖고 싶다고 자주 생각합니다.
쇼핑도 해치우고 싶은 일 중 하나입니다. 그래서 저는 숍이나 브랜드, 디자인, 사이즈를 정해두고 반복해서 구입하는 방법으로 효율적인 쇼핑을 하곤 합니다.
제가 지금까지 가장 즐겨 입는 청바지는 미국에서 일하던 시절에 발견했습니다. 골격이 크고 마른 편이라 엉덩이에 사이즈를 맞추면 허리 품이 헐렁해지는 난감한 체형인 제게 이 AG 청바지는 엉덩이도 허리도 딱 맞습니다. 우연히 발견한 존스메들리 니트도 품과 길이가 제 체형에 너무 잘 맞아서 소재별로 구입해 입고 있습니다.
넘쳐나는 많은 옷 가운데서 자신의 체형과 취향에 맞는 것을 발견하기란 여간 어려운 일이 아닙니다. 앞서 소개드린 방법으로 쇼핑하면 온라인쇼핑몰 여기저기를 찾아 헤매는 수고와 낭비에서 해방될 수 있지요. 좀 더 단순하게 시간을 구성할 수 있습니다.

AG 청바지

몸에 살집이 없어도 엉덩이 라인이 예쁘게 떨어지는 바지. 몸에 착 감기는 생지 데님으로, 여성스럽게 입을 수 있다는 점도 마음에 쏙 듭니다.

M-프리미어 슈트

허리가 조이는 타이트한 디자인이 제 체형에 딱 맞아서 즐겨 입습니다. 바지 사이즈가 다양한 것도 장점입니다.

사브리나(SABRINA) 스타킹

종류가 많아서 선택할 때 고민이 깊어지는 스타킹은 브랜드를 정해서 재구매합니다. 사브리나 스타킹은 다리를 감싸는 탄력이 적당해서 좋아요.

존스메들리 니트

옷 길이나 소매 길이가 넉넉하고 품이 좁은 디자인이라 키가 크고 마른 체형인 저에게 최적이죠. 면과 울 소재로 세 종류를 구입했습니다.

쇼핑은 미래의 가능성 중 하나를 잃는 일

저는 신중하게 쇼핑을 하는 편입니다. 가게에서 마음에 든 물건을 발견해도 집에 돌아와 곰곰이 생각해본 후 다음 날 온라인쇼핑몰로 구입하는 경우도 적지 않아요.
옷을 한 벌 사는 일은 미래의 가능성 중 하나를 잃는 일입니다. 만약 10만 원짜리 옷을 산다면 10만 원으로 자기계발에 힘쓰거나 가족과 식사를 하는 등 옷 구입 대신 할 수 있는 일을 포기해야 합니다. 단돈 4천 원으로 스타킹을 살 수 있지만 아들이 좋아하는 미니카를 한 대 사줄 수도 있어요.
쇼핑으로 고민이 될 때 '이 돈으로 할 수 있는 다른 일보다 지금의 쇼핑이 가치가 있을까?'를 생각해보면 이내 냉정해져서 지갑을 쉽게 열지 않게 됩니다.

포인트 카드

쇼핑 포인트 카드는 갖고 다니지 않고 집에 보관합니다.
외출하기 전에 그날 방문할 가게의 포인트 카드만 챙겨 지갑에 넣습니다.

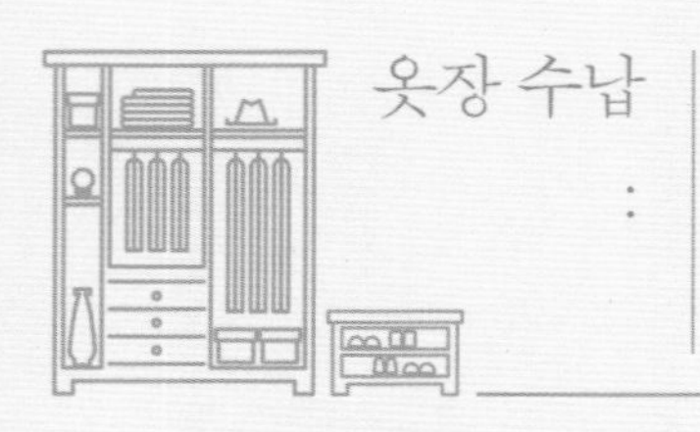

옷장 수납

:

한 평이 채 안 되는 크기의 붙박이 옷장에 세 식구의 옷을 수납하고 있습니다. 철이 지난 옷은 택배 클리닝 서비스를 이용해서(180쪽), 공간을 차지할 일을 줄였습니다. 덕분에 수납공간의 70%만 수납하기를 실현하고 있어요.

남편과 아내 공간

계절 · 행사용품

크리스마스나 할로윈데이 장식 등 가볍고 부피가 큰 물건을 차곡차곡 정리했습니다. 대부분 작은 소품이라서 상자 하나면 충분합니다.

남편Ⓐ 재킷 · 셔츠

세면실과 가까운 오른쪽 끝에 셔츠를 겁니다. 속옷을 입은 뒤 바로 손을 뻗어 꺼낼 수 있는 위치지요. 바지는 재킷 안에 걸었습니다.

남편Ⓑ 무엇이든 박스

탈취제, 헤드폰 등 정해진 자리가 없는 물건을 넣는 '무엇이든 박스'를 준비해서 정리정돈의 스트레스를 없앴습니다.

남편Ⓒ 니트 · 바지 등

위에서부터 바지, 니트, 스포츠웨어. 니트는 대충 개고(위), 종류가 많은 스포츠웨어는 위에서 봤을 때 알아보기 쉽게 세로로 세워서 수납합니다(아래).

남편Ⓓ 가방

서랍의 옆쪽 공간을 가방 보관 장소로 활용. S자 고리를 이용해 가방을 걸어두면 바닥 청소할 때 닿지 않아서 편리합니다.

아내와 아이 공간

아내Ⓐ 가방

가방은 구입할 때 받았던 상자를 수납케이스로 이용하면 깔끔하게 정리됩니다. 하나보다 둘로 나누어 무게를 분산하면 꺼내고 넣기도 편합니다.

아내Ⓑ 스커트 · 코트 등

서랍장 사이에 길이가 긴 옷가지를 겁니다. 스커트는 서랍장 앞에 섰을 때 꺼내기 쉬운 오른쪽에 수납합니다.

아내Ⓒ 잠옷

서랍장 위에 상자를 두고, 벗은 잠옷을 넣는 공간으로 활용하고 있습니다. 작은 상자 안에 있는 것은 휴대용 티슈.

아내Ⓓ 니트 · 바지 등

부직포 케이스에 니트와 티셔츠를 넣고, 계절이 바뀔 때마다 바꾸는 방식으로 정리합니다. 부직포 케이스를 사용하면 안에서 옷이 미끄러지지 않아서 서랍을 여닫을 때 엉망이 될 일이 없습니다.

아내Ⓔ 출근 가방

옷을 갈아입는 공간에 출근 가방을 둡니다. 손수건을 맨 위 서랍장에 수납하면 외출 시 챙기기 편합니다.

아내Ⓕ 재킷

아이 옷 위에 엄마 옷을 걸면 아이의 옷을 정리하면서 엄마 옷도 해결할 수 있으니 편리합니다. 무엇을 입을지 고를 때 편하도록 색깔별로 구분해서 걸었습니다.

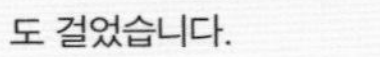

아이Ⓐ 상의

니트나 셔츠 등 상의는 옷걸이에 걸어서 정리합니다. 고리를 달아 어린이집 가방도 걸었습니다.

아이Ⓑ 바지 · 어린이집 물건

바로 앞쪽에는 바지, 가운데에는 어린이집에 가져갈 속옷과 수건, 제일 안쪽에는 철 지난 옷을 정리했습니다. 역시 부직포 케이스로 구분해서 정리합니다.

아이Ⓒ 양말 · 계절 의류 등

양말은 개지 않고 아무렇게나 넣어둡니다. 무늬를 알아보기 쉬우니 고를 때 어렵지 않습니다. 안쪽에는 수영복이나 모자 등 계절 의류를 보관합니다.

남편 옷은 남편이

남편의 바지 서랍은 깊이 18cm로는 비좁아보여 정리하기 쉽게 23cm 깊이의 서랍으로 바꾸었습니다.

Before

After

앞서 소개했듯 옷장은 반으로 나누어 왼쪽은 제가, 오른쪽은 남편이 사용합니다. 아래쪽에는 각각 서랍장을 두어서 한눈에 누구의 공간인지 알기 쉽게 배치했습니다. 중심 지지대는 경계선 역할을 겸하는데, 공간 분리를 눈으로 확인할 수 있게 되어 책임이 명확해졌어요. 남편 옷은 남편이 관리합니다.

옷장 수납은 굳이 가구를 구비하지 않고, 상자나 바구니 등의 수납용품을 마련해서 자기책임제로 정리합니다. 사실 이 방법은 남편의 공간이 엉망진창이어도 제 마음의 평화를 유지할 수 있다는 기대에 이끌려 시도해 본 방법이에요. 다행히 성공했습니다.

아내
남편

몸에 걸치는 순서대로 수납한다면

사진은 제 옷장 서랍으로, 바지, 상의, 스카프나 벨트 등 아래부터 위까지 점점 작은 아이템 순으로 정리했습니다. '아래부터'라고 한 것에는 이유가 있는데, 사실은 몸에 걸치는 순서로 옷을 수납했기 때문입니다.

일반적으로 서랍 수납은 사용 빈도나 꺼내고 넣기 쉬움을 기준으로 생각하지만, 제가 중점에 둔 것은 '몸에 걸치는 순서'입니다. 동작의 순서에 맞추어 수납하면 라벨링을 하거나 머리로 생각하지 않아도 움직임에 따라 자연스럽게 옷을 꺼내 입을 수 있습니다.

몸에 맨 처음으로 걸치는 바지는 몸을 굽혀 다리를 넣기 좋도록 아래 칸에 수납합니다. 그다음 상의, 스카프 순서로 몸을 일으키면서 서랍의 위치를 올리면 동작의 낭비가 없고 외출 준비도 순식간에 끝낼 수 있습니다.

맨 위에는 마지막으로 몸에 걸치는
스카프나 벨트, 시계를 수납합니다.
상자 등으로 서랍 안에 공간을 구분해서
열고 닫을 때 물건이 움직이지 않도록 했습니다.

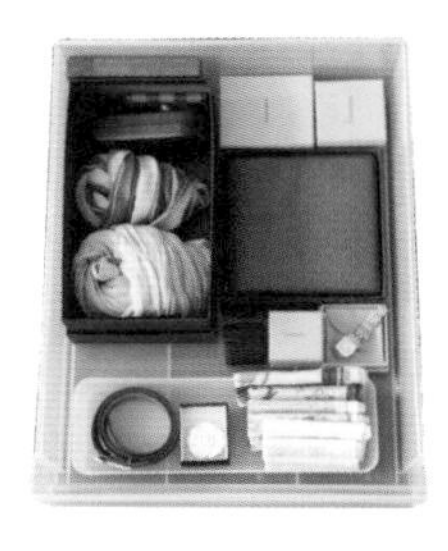

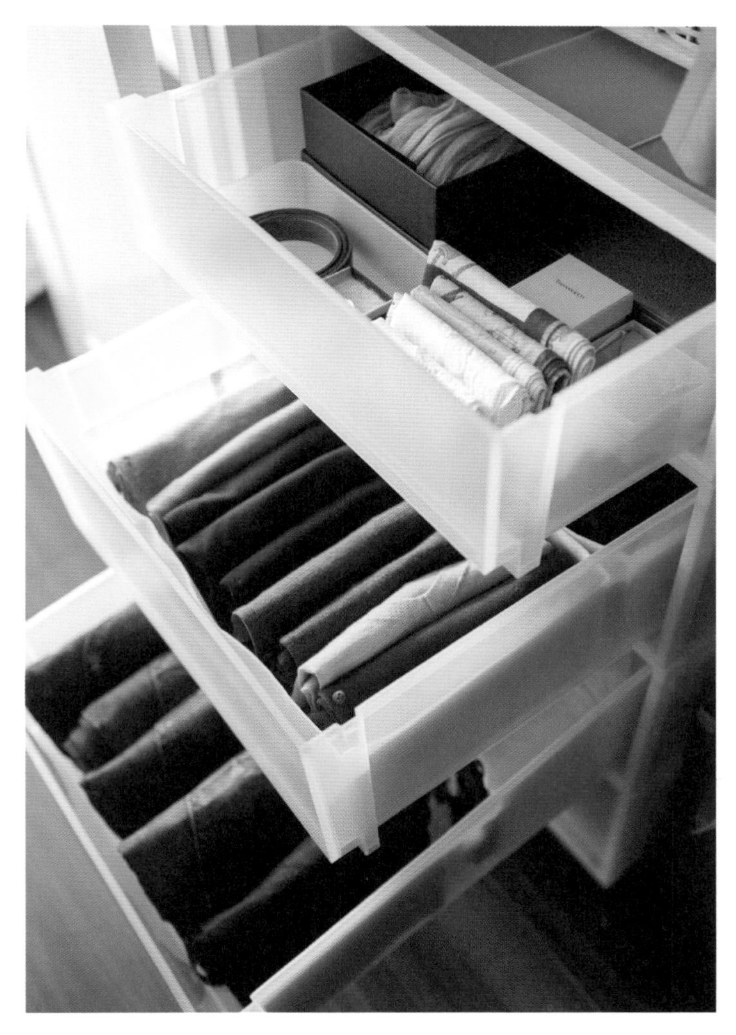

택배 클리닝 서비스라는 기회

우리 집 옷장은 한 평도 되지 않습니다. 남편도 저도 옷이 많지는 않지만, 그래도 세 식구가 1년 동안 입는 옷을 모두 보관하면 수납공간이 꽉 들어차서 사용하기 불편해집니다.

그래서 저는 일본에는 있는 택배 클리닝 서비스를 이용하고 있습니다. 이는 다음 계절까지 옷을 보관해주는 서비스인데요, 이 방법이라면 집 안에 보관할 옷의 양이 줄어들기 때문에 수납공간의 70%만 사용할 수 있습니다. 새로운 계절을 맞아 옷을 바꿔 보관하기도 간단합니다. 업체에서 보내주는 발송용 가방에 철 지난 의류를 담아서 택배로 보내고, 빈 옷장에 새로 받은 이번 계절의 옷을 걸기만 하면 끝이죠. 택배로 옷을 주고받기 때문에 대량의 의류를 짊어지고 가게까지 옮길 필요가 없다는 점도 장점입니다.

옷장의 70%만 사용하니 공간 여유가 생겨 옷을 수월하게 꺼내고 넣을 수 있고 겉보기도 깔끔해집니다. 작은 집에는 여러모로 유용한 시스템이라고 생각합니다.

옷의 가치를 고민한다

1년에 두 번, 계절에 맞는 옷으로 정리할 때
'보관료가 아깝지 않을 만큼 간직하고 싶은 옷인가?'를 기준으로
엄격하게 옷의 가치와 제 기호를 체크합니다.

정장이나 재킷을 드라이클리닝할 때는
e-closet(기쿠야, 喜久屋)을 이용합니다.

돌아온 옷들. 완충재를 이용해 폭신하게 포장해서
보내줍니다. 깔끔하게 정리되어 있기 때문에 구김
걱정도 없어요.

침구는 부피를 줄이는 방식으로

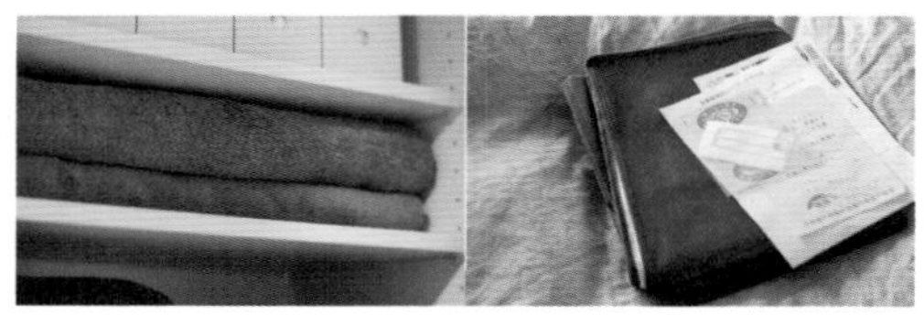

위) 시트는 욕실건조기로 그날 세탁하고 말리기 때문에 한 세트면 충분합니다.
왼쪽 아래) 세탁실 선반에 여름용 이불을 수납했습니다.
오른쪽 아래) 이불 전문 클리닝 업체인 키라라워시에서는 전용 봉투를 보내줍니다. 세탁한 이불은 최대 6개월까지 보관 가능합니다.

작은 집은 수납공간도 당연히 좁을 수밖에 없습니다. 그래서 공간을 차지하는 침구는 특히 곤란한 살림살이 중 하나죠. 옷장은 이미 옷으로 가득하기 때문에 침구는 이런저런 수단을 동원해서 부피를 최대한 줄여서 수납해야 합니다.
우선 가을부터 봄까지 사용한 깃털이불은 이불 전문 택배 클리닝 서비스의 힘을 빌립니다. 몇 년 전부터 이용하고 있는 키라라워시(きららウォッシュ)라는 업체는 소재나 사이즈에 상관없이 동일한 가격을 받기에 저렴하게 침구를 보관할 수 있습니다. 담요는 더 사지 않고 난방을 조절하며 지냅니다.
여름 이불은 부피가 크지 않기 때문에 높이 15cm 정도의 공간만 확보되면 어디든지 수납할 수 있습니다. 저는 세탁실의 수납 선반에 보관합니다. 또 세탁할 때 교체할 여분의 이불도 구비해두지 않습니다. 아침에 빨래해서 욕실건조기로 말리면 그날 밤에는 당일 세탁한 이불을 사용할 수 있기 때문에 한 세트만 갖추어놓고 씁니다. 여분의 이불을 위한 수납공간이 필요 없게 만들었지요.

LIVING × SMALL × TIP

여행가방도 심플하게, 3인 가족의 2박 3일 짐 꾸리기

여행 짐은 가볍게 준비하고 부족한 물건은 현지에서 구입하는 것도 여행의 재미가 아닐까요? 우리 가족이 2박 3일 정도로 여행을 떠날 때는 기내 반입이 가능한 여행가방 하나만 준비합니다. 그리고 남편이 출퇴근할 때 사용하는 배낭 하나와 저의 토트백 하나면 충분하죠.

아이 옷은 여행 일수에 맞추어서, 어른 옷은 여행지에서 빨아 입는 것을 전제로 최소한만 준비합니다. 제 옷 중에서 물세탁이 가능한 것은 한 벌뿐이지만, 카디건 두 벌과 숄을 한 장을 가져가면 다양하게 매치해 날마다 다른 옷을 입듯 즐길 수 있습니다. 세탁용품으로 빨래걸이만 챙기고 세제로는 호텔 비누를 사용합니다.

그 외에는 에코백, 콘택트렌즈, 화장품, 비상약, 위생용품 등을 챙깁니다. 의외로 자리를 차지하는 메이크업용품은 아이섀도와 립스틱이 하나에 담긴 여행용 팔레트를 선택해서 무게를 줄입니다. 여행용 메이크업 팔레트는 공항의 면세점 등에서 구입할 수 있습니다.

여행 짐은 떠나기 전날에 꾸립니다. 스마트폰의 메모 기능을 활용해서 챙겨야 할 아이템을 리스트로 만들어두면 15분 만에 준비를 끝낼 수 있습니다.

Chapter 5

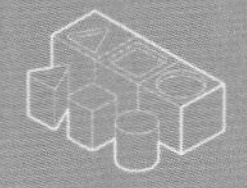

Living Small

육아

장난감 구입의 기준

정글짐과 같은 커다란 놀이기구나 캐릭터 장난감은 아이도 금방 질려 합니다. 이런 장난감은 어린이집이나 지역아동센터에서 즐기는 정도로 충분하다고 생각해서, 집에서는 레고나 나무 블록 등 소박한 장난감만 갖추고 있습니다. 사진 속 카드도 남편이 직접 종이에 글자를 써서 만들었죠.

레고는 집이나 비행기, 동물 등 머릿속에 있는 것을 무한하게 구현해낼 수 있어서 창조력을 높여주는 장난감입니다. 목제 레일은 레일이나 부품을 조합하며 생각하는 힘을 길러주고, 퍼즐은 조각을 맞추면서 손과 머리를 동시에 쓰게 되니 집중력을 키워줍니다.

이 수수한 장난감들은 밥처럼 씹으면 씹을수록 맛이 배어 나오는 매력이 있고, 놀이의 폭도 넓혀줍니다. 온갖 장난감을 갖추기보다 정말 도움이 되는 장난감만 갖고 있는 게 우리에겐 중요합니다.

제가 어릴 적 가장 좋아한 장난감은
예나 지금이나 어린이 장난감의 정석인 레고였습니다.
지금은 물려줘서 조카들이 쓰고 있습니다.

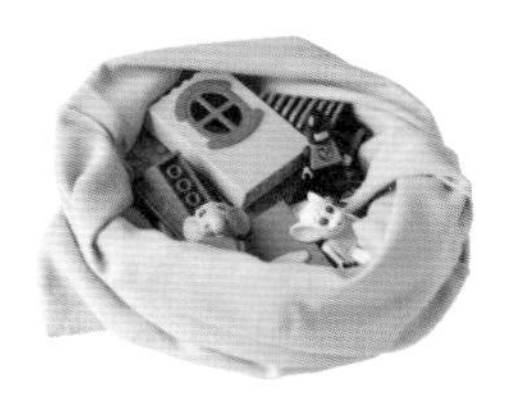

퍼즐

소꿉놀이

목제레일

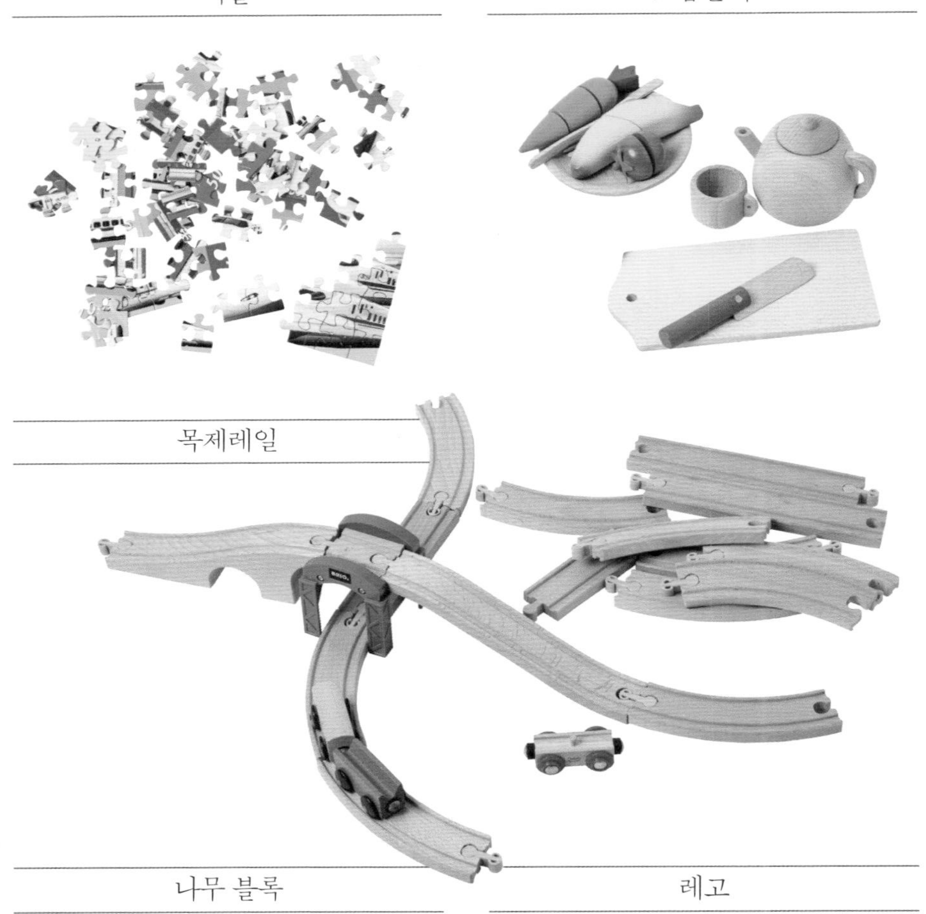

나무 블록

레고

아이도 할 수 있는 장난감 수납

아이가 아주 어릴 때는 장난감을 커다란 바구니에 수납했습니다. 입구가 넓어서 찾기 쉽고 휙휙 아무렇게나 던져 넣으면 되니까요. 하지만 두 살 이후부터는 자잘한 장난감이 늘어나서 이전처럼 바구니에 넣어두면 쉽게 찾기 힘들었습니다.
그래서 장난감 정리 상자를 만들고 서랍처럼 사용하게 해봤습니다. 장난감 상자는 아이가 넣고 빼기 쉽도록 놀이 공간 근처인 리빙 보드 아래 수납장에 두었습니다. 이곳은 제가 부엌에서 요리할 때도 틈틈이 아이를 살필 수 있어서 가장 적당한 장소입니다.
장난감 정리 상자는 총 6개. 매일 갖고 노는 것은 그중 3분의 1 정도입니다. 질리지 않을 만큼 놀고 스스로 관리할 수 있는 적정량이라고 생각합니다.

장난감을 표시한 라벨은 후지필름(Fuji film)의 컬러스티커프린트 서비스를 사용하면 편리해요.
저는 장난감 사진을 찍은 뒤 매장을 방문해서 스티커로 제작하곤 합니다.

아이 그림책은 어른 책 아래 칸에

조금이라도 깔끔하게 정리하기 위해서 아이의 도감은 책등과 표지 디자인이 단정한 책으로 골랐습니다. 물론 내용도 충실해서 마음에 듭니다.

초등학생 시절 주말의 즐거움은 엄마와 함께 도서관에 가는 것이었습니다. 처음에는 아동도서를 빌렸지만 점차 엄마가 읽고 있는 책에도 관심을 갖게 되면서 모르는 단어를 한 글자씩 찾으며 읽었죠. 그 덕분에 조금 이른 나이부터 독해력이 길러진 것 같습니다.

그런 경험을 바탕으로 식당의 붙박이 수납장에 가족 도서관을 마련했습니다. 어른 책 아래에 아이의 그림책이나 도감을 배치했습니다. 수납장에 물건을 넣고 꺼낼 때마다 자연스럽게 책이 눈에 들어오니, 아이가 이 기회에 엄마 아빠가 읽는 책에 관심을 기울여주길 바라는 마음을 담아서요.

이렇듯 저는 육아를 할 때 양방향성을 중요하게 생각합니다. 산책하다가 꽃을 발견하면 집에 돌아와 도감에서 찾아보는 일이 아이의 즐거움이 되었음 해요. 덕분에 엄마 아빠와 폭넓은 대화를 나누고, 이런 과정을 통해서 아이가 세상을 배워갈 수 있도록 노력하고 있습니다.

아이를
혼낼 일이 없는 방

어른도 아이도 스트레스 없이 지내기 위해서 아이가 장난을 치거나 실수를 해도 신경 쓰이지 않는 방을 만들었습니다. 시간 관리 매트릭스(105쪽)에서 살펴보았던 제2영역 '예방 행위'를 통해 제1영역 '위기와 사고'를 미연에 방지한 것입니다.
우선 거실 바닥에는 타일 카펫을 깔았습니다. 먹다가 흘려도 한 장씩 떼내서 빨면 원상복구될 수 있죠. 실수로 장난감을 떨어뜨려도 바닥에 상처가 나지 않아 좋습니다. 벽 낙서에 대비해서는 화이트보드를 설치했습니다. 작은 돗자리 한 장 크기면 충분히 쓸 만하고, 아이도 크게 만족했습니다.
테이블은 원목, 소파는 가죽 제품을 골랐습니다. 오염이나 상처에도 강하고 복원이 가능해서 전전긍긍할 일이 줄어듭니다. 아이가 구김살 없이 무럭무럭 자랄 수 있으니 제 얼굴에도 늘 웃음꽃이 핍니다.

타일 카펫

흡착 가공해서 제작되어 뛰어도 밀리지 않습니다.

SMIFEEL ATTACK 350 / 토리(東リ)

벽에 붙이는 화이트보드

붙였다 뗄 수 있는 시트 타입입니다. 크레용은 물로 닦아 낼 수 있는 키트파스(kitpas)를 사용하지요.

흡착 화이트보드 시트 / 매그엑스(magx)

관리는 크림으로 한 번에 닦기

스펀지에 크림을 묻혀 전체적으로 문지르듯이 가볍게 펴 바르면 OK. 무색투명합니다.

레나파(Renapur) 가죽 트리트먼트 / 하나다(花田)

오일을 발라서 얼룩도 정취로

받침대와 샌드페이퍼로 문질러 상처와 얼룩을 갈아내고, 오일을 골고루 바릅니다.

마스터월(Masterwal) 관리 전용 오일 / 아카세목공(アカセ木工)

집안일의 자립을 이끄는 방법

남편은 집안일을 대하는 마음가짐이 좋은 사람입니다. 가족이라는 공동체를 건사하는 것을 당연한 일로 받아들여서 '혼자서 하기 힘들면 나도 할게'라며 자연스럽게 함께합니다. 아이도 남편처럼 자라길 바라는 마음에서, 세 살 때부터 자기 일을 스스로 할 수 있는 환경을 만들었습니다.
예를 들면 옷이나 식기, 간식을 아이 손이 닿는 높이에 배치해서 제힘으로 꺼낼 수 있도록 했습니다. 수납 케이스도 가벼운 것을 골라 이동이 부담되지 않도록 했습니다. 수납 케이스 안쪽은 따로 공간을 나누지 않아서 아이도 쉽고 자유롭게 정리할 수 있습니다. 모든 종류를 가지런히 늘어놓고 고르는 즐거움도 있으니 일석이조입니다.
옷 갈아입기를 귀찮아하는 아침에는 자기 마음대로 옷을 고르게 했더니 그 이후부터는 아이가 콧노래를 부르며 즐겁게 외출 준비를 합니다. 아이의 행동을 자세히 관찰한 뒤 아이에게 맞는 방법을 제안하는 일. 이것은 곧 '할 수 있어!'라는 자신감을 북돋고 점점 집안일의 자립으로 이어진다고 생각합니다.

식사 준비

아이 식기는 어른용과 구분하여 아일랜드 조리대의 아래쪽에 정리합니다. 가볍고 잘 깨지지 않는 이케아의 플라스틱 식기는 바닥에 떨어뜨리더라도 안심할 수 있죠.

간식 준비

냉장고 안의 간식 상자. 요구르트나 젤리 등 아이가 마음껏 먹어도 좋은 간식을 구비했습니다. 상자는 위에서 바라봤을 때 내용물이 보이는 채소실에 둡니다.

옷 갈아입기

옷을 엉터리로 개어 넣더라도 충분히 공간이 남을 수 있는 크기의 서랍을 준비했습니다. 옷걸이의 높이는 키에 맞게 조정하여 아이가 스스로 옷을 꺼내 입을 수 있도록 했습니다.

보리차와 우유만 있으면

우리 집 대표 음료수는 보리차와 우유입니다. 주스도 가끔 마시지만 자연의 단맛을 즐기자는 생각으로 주스보다는 바나나와 사과 등의 과일을 선호합니다.
제가 어렸을 적에도 냉장고에 늘 보리차가 있었습니다. 어머니는 간식으로 건포도가 들어간 롤케이크나 푸딩을 직접 만들어주셨죠. 그런 어머니의 영향을 받아 저도 아이 간식을 제 손으로 만듭니다. 머핀이나 브라우니, 쿠키는 특별한 도구가 없어도 만들 수 있습니다. 물론 바쁜 일상 때문에 매일은 어렵죠. 평소에는 요구르트나 어육 소시지처럼 조금이라도 건강에 이로운 간식을 먹입니다.
자연의 맛과 어머니에 대한 추억이 어우러져서 몸에 좋은 음식의 중요성이 제 의식 깊은 곳에 각인되었다고 생각합니다. 그리고 제가 만든 간식을 즐겨먹는 제 아이의 마음속에도 건강한 음식의 소중함이 새겨질 거라고 믿습니다.

北海道根釧地区
milk
ミルク
牛乳
生乳100%使用
1000ml

반년만 입히는 아이 옷

아이가 밖에서 옷을 잔뜩 더럽혀서 돌아오는 요즘은 '반년 사용하고 버리기'를 각오하고, 적당한 가격의 옷을 계절마다 새로 삽니다.
한 벌에 만 원 정도의 옷은 더러워지거나 찢어져도 신경 쓰이지 않고, 못 입게 되면 주저하지 않고 버릴 수 있으니 보관의 부담도 없죠. 무엇보다 딱 맞는 사이즈의 옷을 입어야 마음껏 움직일 수 있다고 생각합니다. 이 모든 점을 종합하면 아이 옷은 단기적인 쇼핑이 최선입니다.
옷은 상·하의 여섯 세트가 기준입니다. 하루에 세 벌이 필요하고, 적어도 이틀에 한 번 빨래를 하기 때문에 평상복은 이 정도로 준비합니다. 여기에 더해 외출복을 1~2벌 갖추면 충분합니다. 아이 옷은 귀여운 것을 사지 않고 목적에 맞추어 삽니다. 그렇게 하면 쇼핑도 수납도 간단해집니다.

JUST FIT!

아이가 성장할 것을 생각해 넉넉한 사이즈를 사기 마련이지만,
저는 움직이기 편하게 아이 몸에 딱 맞는 사이즈를 고릅니다.
헐렁한 바지는 절대 입히지 않습니다.

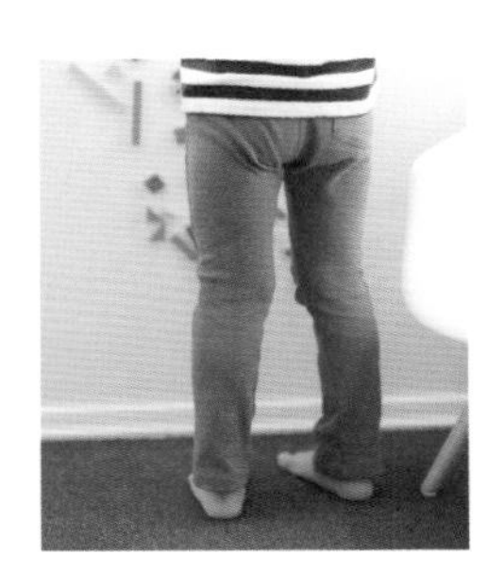

마치는 말

집안일을 '해야만 한다'라며 끌어안고 살던 때는 해도 해도 끝이 없는 일들에 치여 매일 녹초가 되었습니다. 아이가 밥을 먹다가 엎으면 '휴…… 또 집안일이 늘었네'라고 푸념하면서 진저리를 치기도 했습니다. 그리고 금세 너그럽지 못한 스스로의 모습에 실망해 낙담하는 날이 이어졌습니다.

집안일에 질서가 생긴 지금은 아이가 일어나는 7시쯤이면 대부분의 할 일을 마치고 웃는 얼굴로 '좋은 아침!'이라고 인사를 건넬 수 있게 되었어요. 가끔 회사 일이 바빠서 집안일을 빼먹기도 하지만, 그럴 때도 집 안은 나름대로 정리되어 있습니다. 제가 아파서 집안일을 못할 때면 남편과 아이가 식사부터 빨래까지 대신하게 되었고요. 저도 가족도 이전보다 웃는 일이 늘었고, 식구라는 한 팀으로서의 유대감이 더 깊어졌다고 느낍니다.

그동안 전업주부였던 친정어머니의 살림 실력을 동경하며 뒤를 좇아왔는데요. 미니멀 라이프를 지향하면서, 제가 정말 추구하던 것은 그 시절 어머니와 가족들의 웃는 얼굴이라는 사실을 깨달았습니다. 그 후 어머니의 집안일에는 미치지 못해도 제 스타일대로 즐겁게 살 수 있는 방법을 찾게 되었습니다.

한편 아버지는 좋은 물건을 오래도록 아끼며 사용하는 즐거움을 가르쳐주셨습니다. 지금도 매일 사용하는 필기도구는 초등학교 5학년 생일에 아버지가 선물해주신 몽블랑 샤프펜슬(사진 위 흰색 펜슬)이고, 다른 한 자루는 5년 전 남편의 선물입니다(사진 아래 은색 펜슬). 추억이 깃든 물건을 하나 갖고 있으면 그 사실만으로도 마음이 충만해서 다른 물건을 탐내지 않게 됩니다.

마지막으로 언제나 마음 든든하게 저를 지지해주는 가족, 그리고 찰떡궁합의 팀플레이를 펼치며 이 책을 세상에 낼 수 있게 도와주신 편집자 아사누마, 포토그래퍼 스즈키, 와니북스의 모리, 크노마를 비롯한 관계자 분들, 무엇보다 우리 집 살림살이를 따뜻하게 지켜봐주시는 블로그 독자 여러분께 다시 한번 마음 깊이 감사 인사를 드립니다.

아키 드림

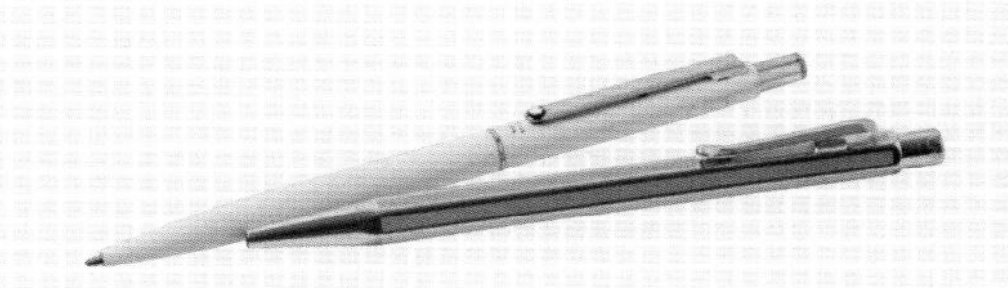

옮긴이 · 허영은

홍익대학교 대학원에서 미술사학을 전공하고, 미술관과 박물관에서 학예연구사로 일했다. 현재는 글밥 아카데미 수료 후 바른번역 소속 번역가로 활동하며 출판 기획과 번역에 힘쓰고 있다. 옮긴 책으로는 『어디에서 왔을까? 맛있는 진화의 비밀』, 『동물을 제대로 잡는 방법』, 『동물을 제대로 키우는 방법』 등이 있다.

나에게 맞는 미니멀 라이프

초판 1쇄 발행 2018년 1월 5일
초판 8쇄 발행 2022년 8월 19일

지은이 아키 **옮긴이** 허영은

발행인 이재진 **단행본사업본부장** 신동해
편집장 김예원 **책임편집** 윤진아 **디자인** 림디자인
마케팅 최혜진 이인국 **홍보** 최새롬
국제업무 김은정 **제작** 정석훈

브랜드 웅진리빙하우스
주소 경기도 파주시 회동길 20
문의전화 031-956-7421(편집) 031-956-7089(마케팅)
홈페이지 www.wjbooks.co.kr
페이스북 www.facebook.com/wjbook
포스트 post.naver.com/wj_booking

발행처 ㈜웅진씽크빅
출판신고 1980년 3월 29일 제406-2007-000046호

ISBN 978-89-01-22076-5 03590

웅진리빙하우스는 ㈜웅진씽크빅 단행본사업본부의 브랜드입니다.

※ 책값은 뒤표지에 있습니다.
※ 잘못된 책은 구입하신 곳에서 바꿔드립니다.